湖光硯語

主編 馬安信

四川美術出版社

作者 肖文祥

作者簡介

肖文祥，男，一九五八年三月出生，四川內江人。一九七五年在內江高中畢業後，投身于社會實踐；一九八六年至一九九一年陸續在內江地區衛生學校學習并參予內江第二人民醫院醫療踐行；一九九二年至一九九五年在四川米易任一家建築公司經理；一九九六年迄今，陸續任成都安舒實業有限公司、成都安舒置業有限公司、成都硯湖文化發展有限公司董事長。二〇〇八年至二〇一二年、二〇一五年分別任成都市新都區、大邑縣政協委員。

肖文祥先生數十年如一日地耕耘于中國硯文化的學習與研究工作，如數家珍般地執著于中國歷朝歷代十大名硯的收藏，現已有各類珍品數千方。由肖文祥擔綱的現居于安仁古鎮硯湖廣場八萬平方米湖中央的『硯湖中國硯臺博物館』已在緊鑼密鼓地籌建中，近年間將對外正式開放。

『硯湖』遵循『古為今用』的藝術原則，願為硯產業的繁榮發展與弘揚中國硯文化做出貢獻。作為企業法人，肖文祥先生執著于斯，潛心于斯，勞作于斯，且孜孜以求，鍥而不捨。

硯湖宣言

劍鋒出磨礪，梅花發苦寒。蜀地古鎮安仁硯湖博物館浴陽而生，厚積彌久，積微成著，積腋成裘。金聲玉振，滙古今名硯之瑰寶，索隱探微，融中外鐫技之精華。石富靈性，珠玉輝光，温潤瑩澤，通透典雅，細琢精雕，引來八方賢俊；銀刀鐵筆，綻放一樹奇葩。構思通造化，意表出雲霞。專家贊嘆，國師盛誇，博覽奪譽，名播遐邇，名流傾心，同仁聚首，前程似錦，駿業如花。硯湖波碧，硯苑情長，國之瑰寶，儀態萬方。吟竹詩含翠，畫梅筆帶香。民族之悠久文化，寶硯再創建輝煌。繼往開來，弘揚國粹圓夙夢，求真務實，更上層樓譜新章。

硯海弄潮兮乘風破浪，華夏文明兮翰墨飄香。

馬安信撰文 二零一五年四月（乙未年暮春）馮晓榆書

肖文祥近影

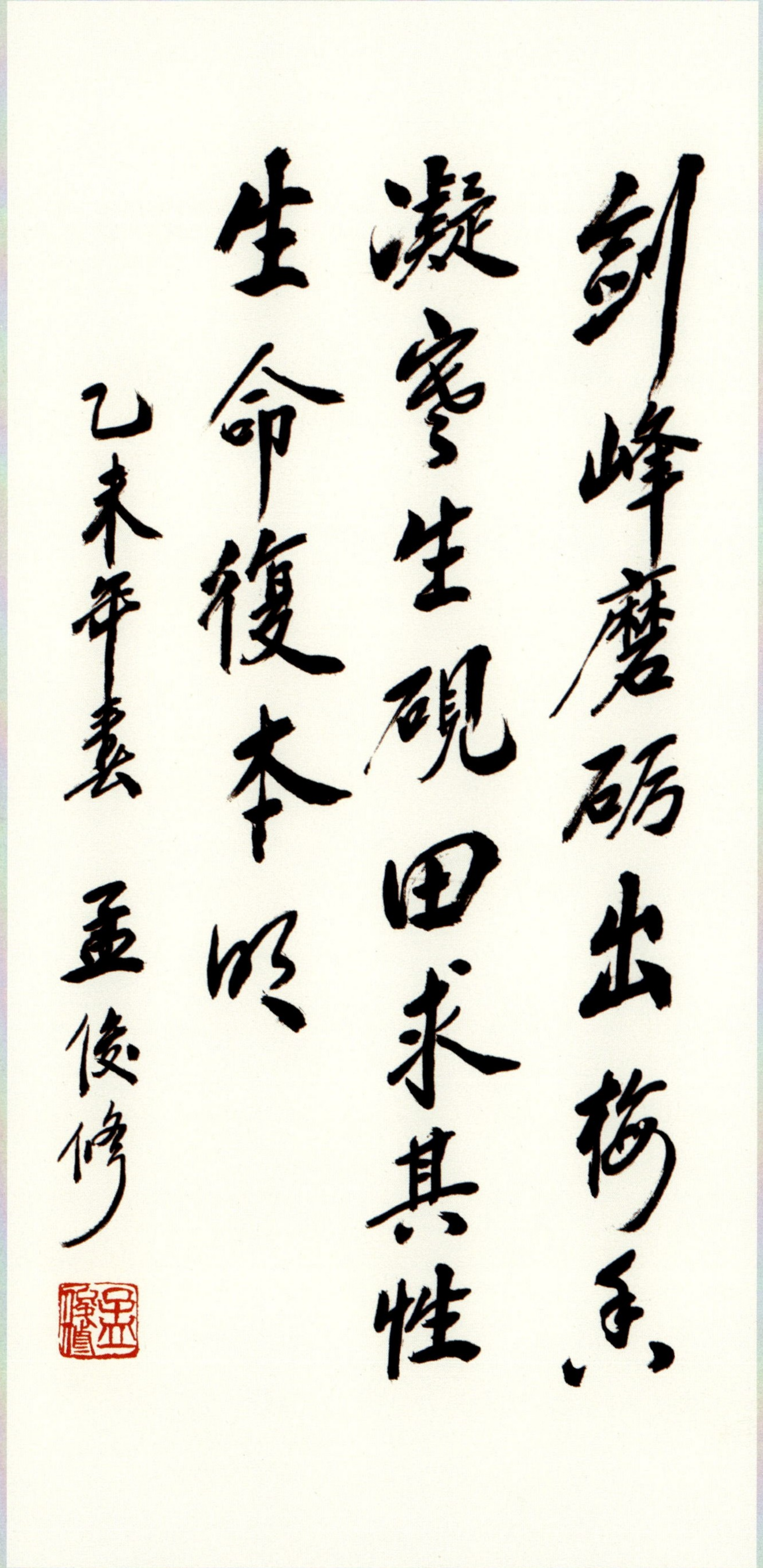

劍鋒磨礪出　梅香凝寒生　硯田求其性　生命復本明　題辭　孟俊修（四川省人大原副主任）

硯湖宣言

劍鋒出磨礪，梅香發苦寒。蜀地古鎮安仁『硯湖博物館』浴陽而生，厚積彌久，積微成著，積腋成裘。金聲玉振，匯古今名硯之瑰寶；上下求索，融中外鐫技之精華。石富靈性，珠玉輝光，溫潤瑩澤，通透典雅，細琢精雕，引來八方賢俊；銀刀鐵筆，綻放一樹奇葩。

構思通造化，意表出雲霞。專家贊嘆，國師盛誇，博覽奪譽，名播遐邇，名流傾心，同仁聚首，前程似錦，駿業如花。硯湖波碧，硯苑情長，國之瑰寶，儀態萬方。吟詩詩含翠，畫梅筆帶香。民族之悠久文化，寶硯再創建輝煌。繼往開來，弘揚國粹圓夙夢；求真務實，更上層樓譜新章。

硯海弄潮兮乘風破浪，華夏文明兮瀚海飄香。

序言

石不能言最可人

——《湖光硯語》初版序 ● 馬安信

這部賞析中國硯之著述即將付梓出版。書稿編定之際，我渴望：折一枝青梅，給平凡的你，給平凡的我，讓我們細細地傾聽它脉脉吐露自己的心聲……

——題記

一直以來，我都認為人生有許許多多的巧合。一方硯臺、一闋清詞、一首古曲、一幀國畫，都會在不同的時候，悄然暗合自己的心境。或許，這就是自己不可錯過的『緣分』。『緣』，讓我們相聚在一起，不再來來往往，彼此擦肩而過。『緣』，讓我結識了中國硯壇硯雕藝術家劉克唐、沉石、張淩山等衆多朋友。『緣』，亦讓我走入了『硯湖博物館』，走入了『硯湖』號的船長肖文祥。

『春未老，風細柳斜斜。試上超然臺上看，半壕春水一城花。烟雨暗千家。寒食後，酒醒却咨嗟。休對故人思故園，且將新火試新茶。詩酒趁年華。』每每吟誦蘇軾這首《望江南》，無論在何時，無論在何地，懷着怎樣的心情，我都可在瞬間入境。是的，那是一個微風細雨的日子，我與忘年摯友楊森林走進了古鎮安仁的『硯湖』，走進了悠然流淌的茶香，在洗徹塵埃的潔淨中靜靜地賞析着目不暇接的中國硯精品，我真的陶醉了！心如在萬象的蒼茫裏，體味出了一種物我兩忘的超然明淨。

幾千年來古人留下的文化，使中國人有深刻的悟性，有獨特的表達，看問題有特別的視角，有不同于西方人的簡約。中國人有東方的人文精神，有自己的藝術抽象，有自己的文明源流，也有和諧的生活方式。西方人雖然在自然科學領域，在明清時代超過了中國。但是，他們在工業社會和後現代化社會，依然不能離開宗教而獲得精神的安慰。中國人從古至今，不依靠宗教而在文化藝術中獲得精神安慰和靈魂升華。通過這些可物化可視覺的幽雅文化，并將它們融入日常生活，這是

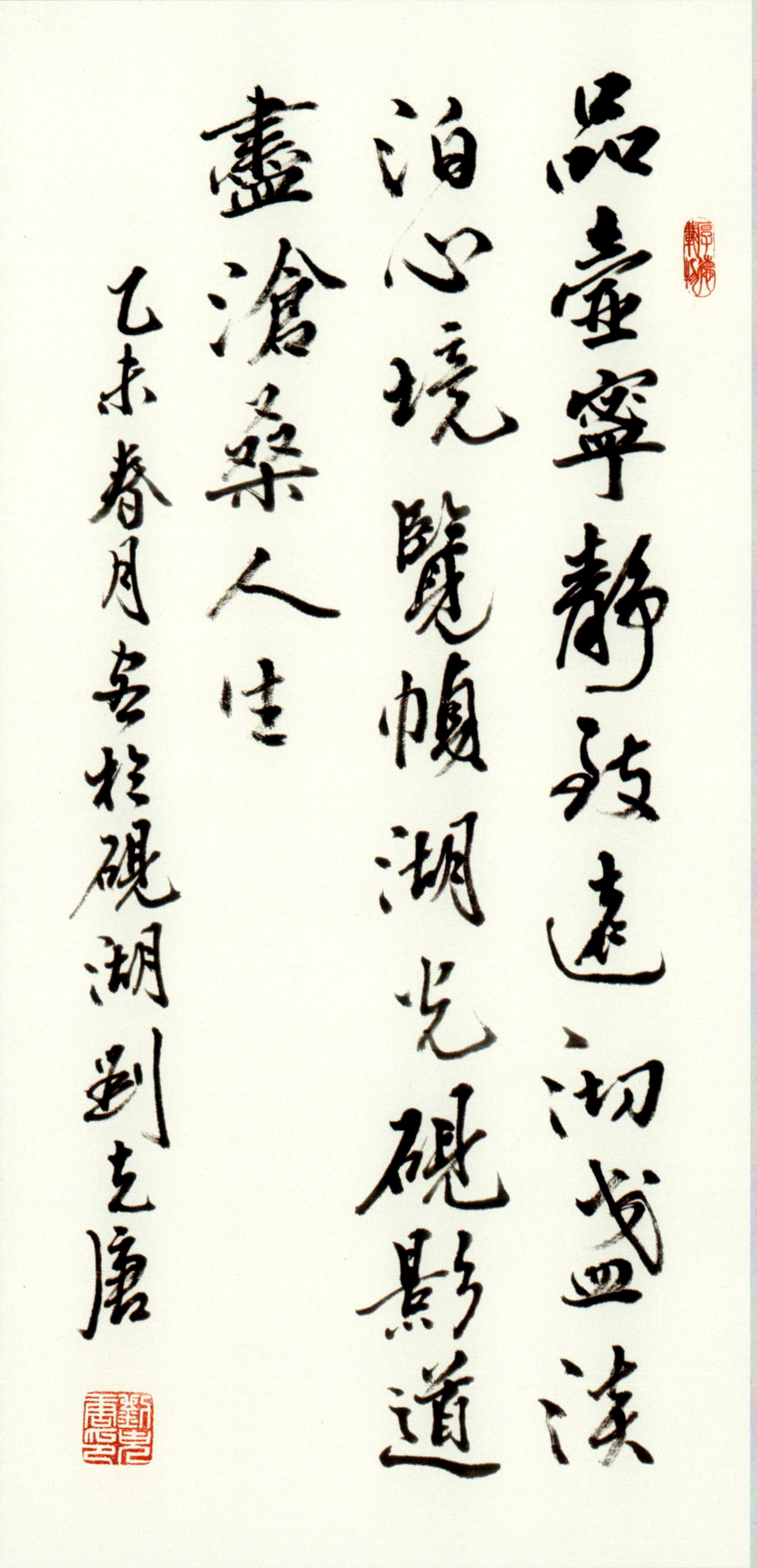

品壺寧靜致遠　沏盞淡泊心境　覽幀湖光硯影　道盡滄桑人生

題辭　劉克唐（中國工藝美術大師）

蜀山早春　馬安信

中國文化的藝術魅力。可不是麼？中國硯文化就是不可或缺的『可物化可視覺』的『幽雅文化』。它是一份『生命的清供』。

走進『硯湖博物館』精品櫃前，真的令人眼前一亮！或『洗盡塵滓，獨存孤迴』，或『含道映物，澄懷味象』，或『自然簡淡，藏而不露』，或『虛和空靈，形神兼備』，或『細膩逼真，氣韵生動』……一方方富含藝術蘊藉的硯臺珍品讓我們窺知：這裏的每一件佳作都會説話，傾述心境；這裏的每一位硯雕藝術家都有故事，匠心獨運。身處這『硯』之海裏，我仿若就是一葉漂浮的小舟，雖不知此岸與彼岸的距離，却憑着自己的一種感覺，帶着潔淨的心，尋找到了一處適合自己栖息的港灣。

我的前世，許是佛前的一朵青蓮，因沒有耐得住雲臺的寂寞，貪戀了紅塵的烟火，方有了今生的這一場人生游歷。于是，那些有性靈的物象，便如約而至。譬如這一件件硯作藝術品，酷似梅花的微笑，就亮在我的眸子裏，香在我的呼吸中。

佛説，萬物皆有情。在有情的歲月裏，讓我們做一回真實的自己。世俗給你我的，不過是一件或樸素、或華麗的羽衣，我們可以裝扮出妖嬈，亦可褪去所有的光環，做個明心見性的人。以清醒自居，以淡泊自持。如是，我們才會放下執念，讓不舍得成為舍得，讓不快樂成為快樂，讓一無所有成為所有。『硯湖博物館』衆多硯雕藝術品教會我們徹悟佛理：石玉之溫潤，石玉之純美，可消解煩憂，滌蕩俗塵，愉悦心靈。愛石玉之人，與它朝夕相處，可汲取石玉之天然性靈，像石玉一樣和潤優雅。一塊賞心悦目的石玉，勝過世間的靈山秀水，春花秋月，它會為你娓娓訴説博大精深的滄桑，為你默默展現美侖美奐的春秋，縱然山河換主，它亦可護你百代長寧。是的，中國硯文化就酷似一泓大海，這些硯雕藝術品不正是葦岸之泊舟，它能悄無聲息地乘載我們飄洋過海，度過闊遠與荒寒，抵達佛所言及的靈地。

這是一部展示與賞析中國各大名硯藝術的著述，我相信它會擱上你的案頭。每每讀書時，你或躺在竹椅上，抑或燈下倚床，無須香茗為伴，無須妙音引領，衹須輕輕地撫得掠上幾眼，便會心生荷香，滿室芬芳。真的，石不能言最可人……

是為序。

二〇一五年四月十六日于蜀都牧雲閣·詩夢書齋

意寫牡丹　馬安信

目錄 Catalog

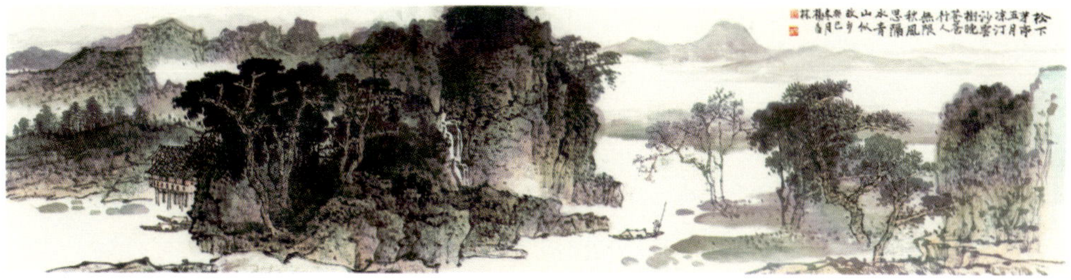

松下茅亭五月凉　楊昌林

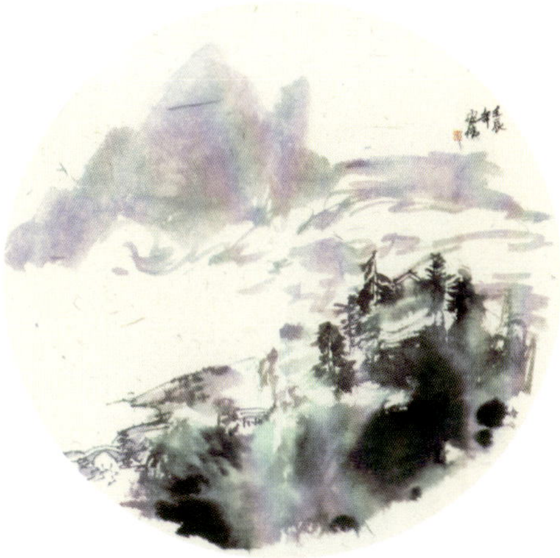

意寫家山　馬安信

下卷

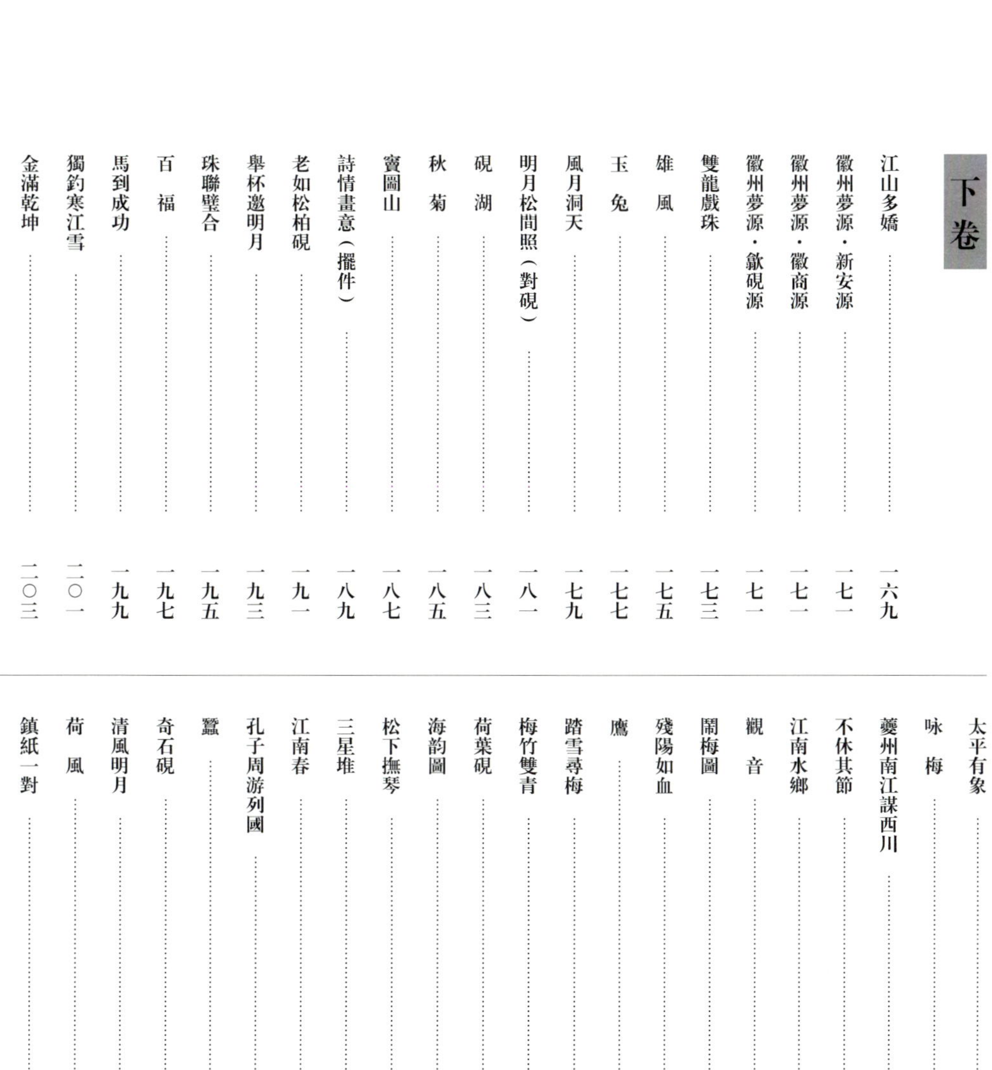

金秋拾韵　馬安信

日照金山　李　兵

華夏九州　惟我獨醒

為圓明園廢墟的耻辱打上最後的句號，為虎門炮臺的悲壯交響行一次莊嚴的敬禮，為蘆溝橋怒吼的石獅作一次深情的撫摸，為九龍壁圖騰的壯飛抹一筆點睛的亮色……這是華夏兒女的驕傲、自豪！《華夏・九州》套硯的誕生，是硯雕師們舉起了一叢叢振興圖強的信念之光，挺起了一副副強勁結實的民族傲骨，進行令世人注目的一次藝術踐行的豐碩成果。

《華夏・九州》套硯以中國悠遠深邃的『八卦學説』來具象演繹，它由中原、幽燕、嶺南、東溟、西域等地的端、歙、洮河、澄泥、潭拓、紅絲、松花、賀蘭、苴却等九種名硯的名師巨匠們携手創作而成。揭示『華夏廣袤，疆域九州』的博大深厚，是此套硯之旨歸；『心放于造化爐錘，含道映物，澄懷味象』的藝術修養，是此套硯之求索。

《華夏・九州》套硯的九方名硯，由沉石、劉克唐、張竣山等設計，李贊、尚徵武、曹加勇等治硯，黎鏗、劉克唐等銘款。它以卦象方位對應產地疆域分布：中主宰，河南虢州黃河澄泥硯；北天乾，北京潭拓硯；南地坤，廣東端硯；東水坎，山東紅絲硯；西火離，甘肅洮河硯；東北風巽，關東松花硯；西南雷震，四川苴却硯；東南山艮，安徽歙硯；西北澤兑，寧夏賀蘭硯。它，無疑填補了中國硯壇之空白，令人嘆服、敬慕。

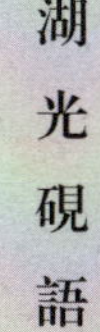

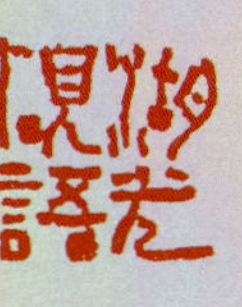

峨眉詩韵　孟　夏

生命清供　靈山勝境

燈下故人撫琴曉，古調今彈唱知音。一方苴却硯《峨眉》讓人神情安靜，尋得好心情。是的，這方《峨眉》硯，由肖文祥、張竣山創意、設計，張健、張曉駿雕刻，張碩銘文。制作這方硯的藝術家們就酷似撫琴者，能將萬千心事揉入弦中，在弦中平和泰然，體會到至靜之極。賞析者，又怎不似這聽琴者，在這寧靜潔淨的琴音中，洗澈心靈，恍若天樂。岳飛有詞云：『欲將心事付瑤琴，知音少，弦斷有誰聽？』仿佛托琴之人，今生必定有知音，不然縱是奏出天籟之音，亦無法言說缺失和遺憾。萬物有情，皆可認作知己，衹看你是否願意交付真心。

讀這方《峨眉》硯，硯形如山，峻峭秀麗，首先映入眼簾的是硯雕家巧借一層紫黑石雕成辯經說法的衆和尚，讓賞析者漸入佛山仙境。沿山拾級而上，紫紅色祥雲纏繞蒼松翠柏、飛泉瀑布、靈猴珍禽，古刹飛檐的情境時隱時現，梵音飄渺且伴暮鼓晨鐘，神秘莫測；突然天空豁然開朗，佛塔金殿金光閃閃，已然到達了金頂。硯頂端紫墨石雕刻的普賢頭像更是莊嚴慈祥，祥雲裏俯視衆生，令人思悟。特別喚人驚嘆的是下端硯堂邊沿一帶綠膘竟呈六牙白象象鼻，藝術家刀筆一點，象眼頓時靈動出彩。

這是一方能訴說心語、淨化人之靈魂，堪稱生命清供的藝術佳作。

硯名　華夏·九州
制硯　李　贊　尚徵武　梁振華
　　　張玉杰　馬萬榮　馮　軍
　　　曹加勇　俞　青　赫延強
設計　沉　石　劉克唐　張竣山
　　　尚徵武　馬萬榮　李　贊
創意　沉　石　肖文祥
銘款　黎　鏗　劉克唐
硯銘　沉　石
書丹　沉　石　尚徵武　張慶明
　　　劉克唐　索南才讓　程機徽
　　　孫建政　方見塵　竇民立
收藏　硯湖首硯收藏

《國粹風華》硯背

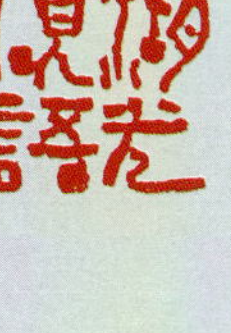

冷香逸韵　國粹風華

中國藝術追求渾重、荒寒的境界，故藝術之中的『香』也具有這一種渾重、荒寒的格調，呈現所謂的『冷香』來。硯雕藝術家羅建泉、張慶明、陳洪新、莫少鋒之黎鏗拜師硯《國粹風華》，也似乎能讓賞析者窺出硯雕大師黎鏗學子們在渾重、荒寒中體會性靈的高標，不落流俗。

《國粹風華》硯取材于古端州北嶺山宋坑，長方矩形，立體規整；色若豬肝，柔和悅目；通體暗紫泛紅，微有金光閃爍。長五十一點五公分，寬三十六點五公分，高十一公分，厚重莊嚴。此石在硯雕藝術家之刀筆下，硯堂狀如滿月，左側飾以牡丹、紅棉花卉，雍容綽約，喜慶華貴。硯右側鐫刻《硯林拜師賦》硯銘三百九十六言，情凝字間，感人心魄；硯背開矩型硯槽，硯槽上部鐫恩師黎鏗和三十三位高徒之姓名，其下雕蘭花瘦石圖一幀，盡展芝蘭『氣清、色清、神清、韵清』之精神，加之瘦石之映襯，極顯典雅高潔，硯體四周滿工雕琢雲紋、水紋，雲卷水瀾，天地交融。

這方硯實屬難得，由沉石、羅海創意、設計，它大氣磅礴、渾重荒寒，冷香襲人。

硯名　峨眉
石品　苴卻硯
創意　肖文祥　張竣山
設計　肖文祥　張竣山
雕刻　張健　張曉駿
銘文　張碩
刊銘　張碩
規格　165cm×75cm×11cm
收藏　硯湖

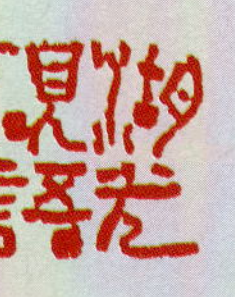

《諸硯之首》硯背

思與境諧 諸硯之首

日月經天，江河行地。一方厚重、有着撼人藝術力量的硯臺，必經由『石』到『琢』的艱難旅程。品味硯雕師張玉杰、齊石明之劉克唐拜師硯《諸硯之首》，我味出了環環緊扣的八個大字：旨趣遥深，意味無窮。

中國硯文化的深蘊，應指藝術家創作活動中的形象思維而言。一如蘇軾打的比喻：『畫竹必先得成竹于胸中，執筆熟視，乃見其所欲畫者；急起從之，振筆直遂，以追其所見，如兔起鶻落，稍縱則逝矣。』硯雕師之《諸硯之首》，是觀物取象而後『胸有成竹』，是想象、構思之後『見其所畫者』，是遂之『兔起鶻落』，天工竟成。看得出，硯雕師深具察物、造型、寫意一整套本領，其間亦蘊涵他們之生活、立意、想象、形象思維、典型塑造等藝術修為。

《諸硯之首》硯為一方紅絲石硯。其石細膩縝密，紅黄相參，色如晚霞，絲如鷄血，形似稱砣、斧鉞。我們説，詩境可以使藍田日暖，良玉生烟，可望而不可及置于眉睫之前，硯雕則不同，它必須依賴可視之前的具體形象的啟示，讀者方能完成欣賞的再創造。硯雕師作品『以我意運我法』，運目會心，融入了自己的審美追求，飽蘸着自己的思想情感，灌注着自己的深切感悟，它大氣磅礴，渾厚且富于藝術生命。

作為『南黎北劉』的劉克唐大師，他已歷經數十載刀刻斧鑿的硯田耕耘，現已得到衆多硯林學子敬仰，其拜師硯堪稱硯林珍品！

硯名 國粹風華
石品 端石
創意 沉石 羅海
設計 沉石 羅海
雕刻 羅建泉 張慶明 陳洪新 莫少鋒
賦文 沉石
規格 51.5cm×36.5cm×11cm
收藏 硯湖

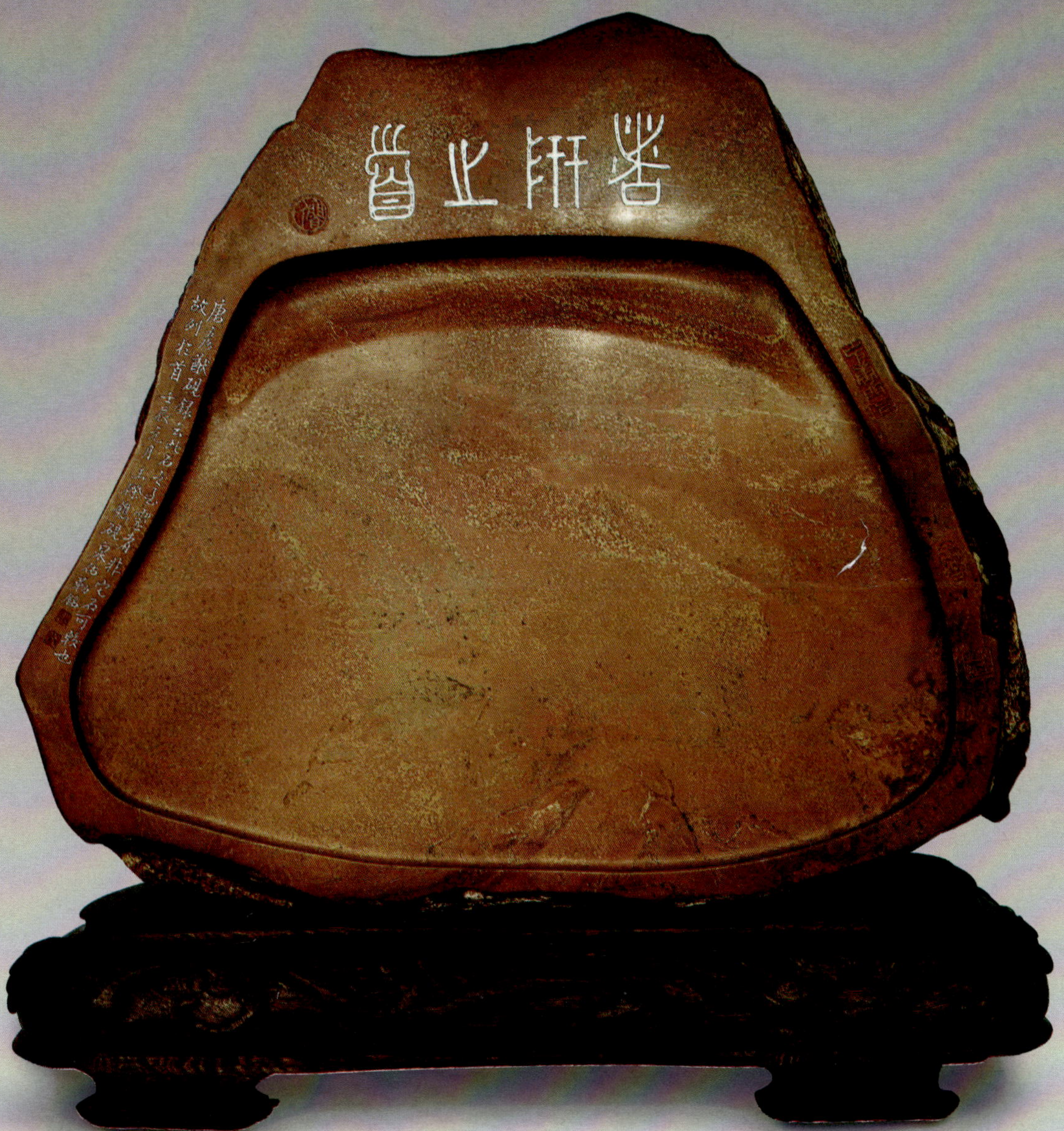

《授業榮薪》硯背

硯名　諸硯之首
石品　青州紅絲石
創意　劉克唐
設計　劉克唐
制硯　張玉杰　齊石明
賦文　沉　石
銘文　劉泉佑　劉文遠　張玉杰
刊銘　劉泉佑　劉文遠　張玉杰
規格　49cm×45cm×15cm
收藏　硯　湖

氣韵生動　授業榮薪

人和自然高度和諧，藝術家按照自己的審美意趣去『物我相融』，以心取神，便能從靜止的物象中活躍生命的張力。方見塵拜師硯《授業榮薪》，便是一方『物性即我性，物情即我情』的佳品力作。

鐘嶸《詩品》有云：『真骨凌霜，高風跨俗。』一個真正的藝術家要創造出堪稱『氣韵生動』的作品，必做到『山川使予代山川而言也，山川脱胎于予也，予脱胎于山川也。』硯雕藝術家《授業榮薪》的藝術創造便是一次輝煌的踐行。此方硯石天然眉紋酷似大海的波濤，怒吼翻滚，波瀾起伏間潜藏着無數溫柔、凌厲的秘密。令人嘆為觀止的是硯眉上的半輪明月與翔于雲間的飛天一如初綻的桃花，灼灼其華。硯雕藝術家『弱水三千，祇取一瓢飲』，其雕刀海天合璧，手法嫻熟，綫條流暢，刻畫柔美，簡捷大方且精湛嫻熟地融景入內，讓天然之景象與藝術升華凝成了藝術之『舍利子』，在實用功能完備的情境下斑斕出藝術智慧的光芒。讀之令人服，令人嘆，令人敬。

天長地久，這方硯臺横亘其間。任何時候與這方硯相逢，都不會太晚。讀它，我們需靜坐下來，生火煮茶，把一壺醉意，喝出一種氣質、一種品德、一種風骨。

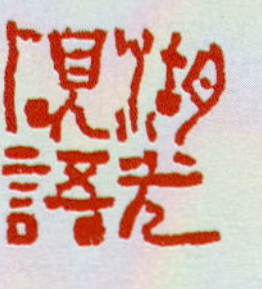

《太陽神鳥》硯背

太陽神鳥　硯壇瑰寶

金烏，中國漢文化神話中的太陽之靈，形態為三足烏鴉，共有十衹，它們住在東方大海扶桑樹上，輪流由它們的母親——羲和駕車從扶桑升起……紅山文化器皿中有許多關于太陽神的玉雕。這方《太陽神》賀蘭硯，是由硯雕大師擔綱，經由張向東、梁熾洪、石飈、赵国平、郝延强、吴国水等衆多硯壇學子集體創作成的一件不可多得的藝術精品。

人們不會忘記，二〇一一年中國工藝美術雕刻高級研修班在銀川舉辦『賀蘭硯創意大賽』，這方《太陽神》硯集全國硯壇英才之技藝，淋灕盡致地展現了賀蘭硯『創意』的風采。這方硯的成功誕生，不僅是因為它出自被國人譽為中國工藝美術的『黃埔軍校』，更因為它是凝集着衆多硯壇精英的集體智慧。這方硯的藝術造旨，有着『通過心齋坐忘，蕩滌心中塵埃，以靜虛之心印證世界，我與物融通一體，物我兩忘，不知何為我，何為物』的『聽時心』的境界。

總之，這方硯堪稱中國硯文化史上的『空前僅有』，它是中華硯文化進入新的發展時期，弘揚傳統技藝，傳承古法手工制作，展現各地不同硯藝術精華的見證與結晶！

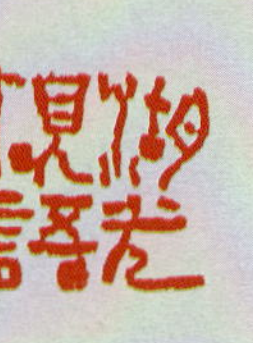

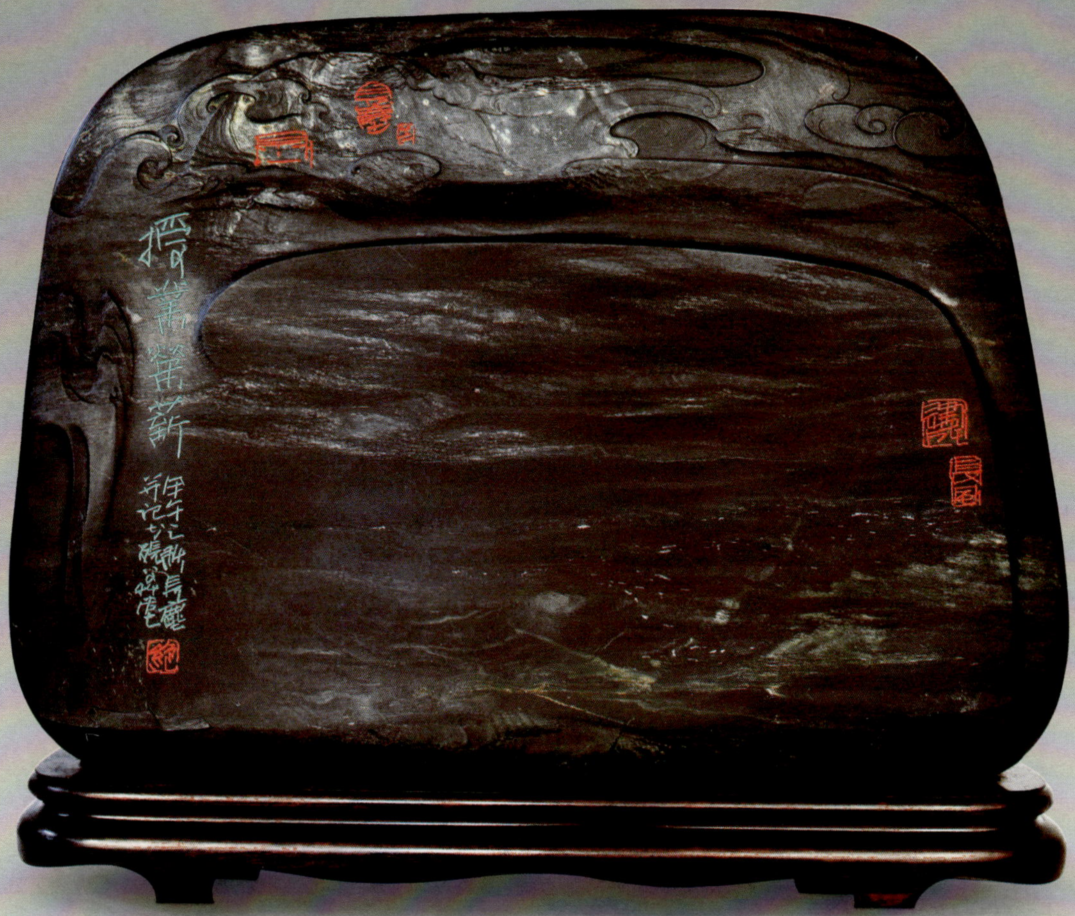

硯名　授業榮薪
石品　龍尾山眉子金星金韵石
創意　沉　石
設計　程禮徽　汪德欽
制硯　方見塵
銘文　方見塵
統籌　汪德欽　胡國寶
制坯　汪德欽　胡國寶
賦文　沉　石　程禮徽
鐫刊　沉　石　程禮徽
規格　54cm × 40cm × 10cm
收藏　硯　湖

《雲崖彩玉》硯背

純淨超然　雲崖彩玉

我曾讀過藏于北京故宮博物館的錢選的《山居圖》，此古畫中部群山突起，四面環水，凸顯出中部山峰的高聳。中部的山巒以重筆勾出，在山腳下有綠樹掩映，綠樹中但見一處庭院，清幽非常，這便是畫家之『山居』。讀硯雕師張健、劉曉軍之《雲崖彩玉》硯，我同樣讀出了錢選《山居圖》之蘊藏。

這方硯為張竣山師承硯，『雲崖彩玉』，硯如其名。硯雕師張健、劉曉軍利用苴却石上天然的淡黃淺黛的石色，幻化成硯背上額的雲霧，并薄意輕刻出幻象萬千、時隱時現的崇山峻嶺。更為神奇的是石品中的一層綠膘竟然是鬱鬱葱葱的樹化紋，硯雕師刀筆下讓它在硯之下部搖曳出一片生命的生機。在硯之背部，硯雕師對天然石色進行構思，深挖一硯堂，讓硯堂中的綠膘碧玉淌如泉涌，形成硯中有湖、湖中有硯之勝境。

這方硯由沉石創意，是硯雕師借山水抒懷，寄寓情志。它似在引領我們走進山水世界，看透一切風景後走入釋然與沉靜。是的，走入這片純淨超然的山水，我們定然會找到今生的自己。

硯名　太陽神
石品　賀蘭山後山老坑石
創意　沉　石　張向東　石　颱
賦文　劉克唐
制硯　張向東　梁熾洪　石　颱
　　　趙國平　郝延強　吳國水
刊銘　程禮徽
銘款　閆森林　胡中泰　凌紅軍
規格　44.5cm×42cm×5cm
收藏　硯　湖

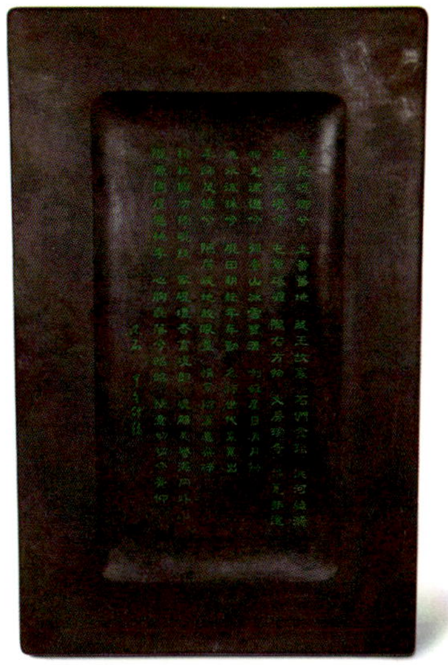
《洮水流珠》硯背

洮水流珠　對話佛緣

佛祇靜坐菩提樹下，便豁然開悟，知曉過去未來。他拈花一笑，萬物為之成塵，存慧根者，來世化生蓮花，綻放于七寶池上。資質愚鈍者，則輪回世海，再歷塵劫，感知自然，方能證悟。佛本無分別心，祇因人欲念太多，自身修為尚淺，不信因果，執意名利。縱是長跪于蒲團，日夜香火以供，所求之事，終難遂願。其實佛亦曾歷經盡百難千劫，幾番紅塵游歷，走過情海波濤，方遠離游蕩風雲，端然出世。硯雕師馬萬榮之《洮水流珠》硯，是回饋恩師培育之情潛心治作的李茂棣先生之拜師硯堪稱一方有着樸素的禪心，却蘊含深刻玄機的洮河硯。

這方硯，硯面酷似天地間亘古歲月的大佛石窟，深凹的硯堂上部，一尊頭與朝陽輝映的佛雙耳垂肩，慈眉善目，兩側飛天漫舞。廣闊的硯堂中霧靄迷漫，幽深迷離，恰若仙境……它讓讀者的耳際不禁回蕩，《華嚴經》之佛語：『一切法無生，一切法無滅，若能如是解，諸佛常現前。』

『拚取一生斷腸，消他幾度回眸。』佛說，前世五百次的回眸，才換得今生的一次擦肩。回眸裏，許是佛緣到了，我們讀到了硯雕師之《洮水流珠》硯，與硯雕藝術家馬萬榮的藝術佳作對話，參悟着人生，亦相約蓮花臺上。

硯名　雲崖彩玉（張跛山拜師硯）
石品　苴卻石
創意　沉　石
雕刻　張　健　劉曉軍
賦文　沉　石
規格　44.5cm×42.5cm×7.5cm
收藏　硯　湖

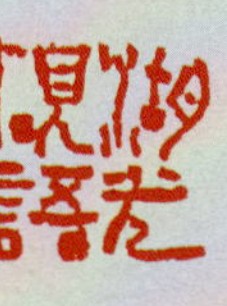

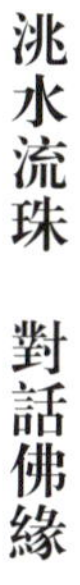

春歸花夢　馬藍夢

承載榮譽　小中見大

天下無難事，衹要肯登攀。中國體育健兒們面對各種挑戰，每每為國爭光，登上神聖的領獎臺。肯攀登，前面總會有片天！風也清爽，花也爛漫，在期望中快樂，在慰籍中坦然，那麼多、那麼多新奇的場面，都在為全球華人羽毛球點贊。雕刻藝術家方立清、劉曉軍之《榮譽·全球華人羽毛球聯合會獎牌》，簡淨練達、含蘊厚深的藝術呈現，它無疑承載着億萬國人的深情祝福與期盼，它亦不失為一套有着藝術深蘊的佳作。

這套獎牌之構思意境十分靈動，造型極為簡淨，表達超乎象徵。雕刻家以苴却石綠膘雕漢龍、黃膘雕金光，抽象中見形、見神。特别是以綠膘俏雕的運動員擊打羽毛球的情景，惟妙惟肖，姿態誇張而變型，有着一種大中國新奇的、超越自然的、非凡的民族活力！

以形神兼備、不似之似為基本美學原理的傳統中國藝術觀視之，這套獎牌的藝術踐行已煥發出了它強大的生命活力。我們讀這套獎牌，既是在讀中國體育健兒的一種勇攀高峰的拼搏精神，又是在讀博大精深的中國文化的藝術情懷。

硯名　洮水流珠（李茂棣拜師硯）
石品　洮河綠漪黃膘石
設計　馬萬榮
制硯　馬萬榮
創意　沉　石
賦文　沉　石
硯銘　李茂棣　王玉明
規格　60cm×40cm×15cm
收藏　硯　湖

金牌（正面）

金牌（背面）

銀牌（正面）

銀牌（背面）

銀牌（正面）

銀牌（背面）

硯名　榮　譽（『全球華人羽毛球聯合會』獎牌）
石品　苴卻石
設計　張竣山　張　健
雕刻　方立清　劉曉軍
規格　4.5cm×4.5cm
收藏　硯　湖

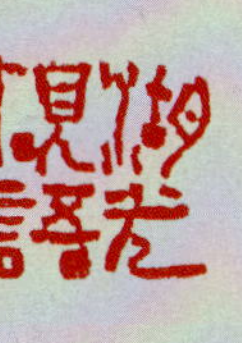

翠鳥吟榮光　馬藍夢

性靈約會　生命待渡

《慈航普度》，這是一方傳承中國佛教文化的硯壇精品，這是一艘盛滿中國文化精神的諾亞方舟。硯雕藝術家曹加勇面對當今社會變幻、世態紛紜、人心驟變，新說湮沒古訓，金錢替代思想的現狀，他以觀世音聖像作為莽莽紅塵的一面旗幟，將等待象徵着性靈的騰遷，將待渡的期盼作為自己生命的精神追求，實在是其創作此方硯的獨運匠心，它難能可貴。

此方硯石修長，紫石黃膘，本屬常見苴却石品，然黃膘上竟有一層半透明狀的如蕉葉的白石皮，更有甚者，下半部白石皮間還穿插有一片片罕見的鴨蛋青凍，猶似浩瀚大海之中的洶湧波濤。硯雕藝術家心隨意動，巧施靈智，刀筆之下的觀世音菩薩和善慈祥，體態輕盈，手持玉淨瓶，趺坐于洪波涌起的蓮臺之中，注視衆生，慈航普度。其作品氣韵樸厚，隨意自然，意境出彩。

反復披讀此件作品，我們在賞析中為硯雕師的精湛藝術表現手法深深折服。觀音雕刻精美，肌膚的黃色和衣飾的綠色搭配和諧，層次豐富的海浪烘托觀音形象精美絕倫。就連其石皮形成的海浪、衣紋、祥雲依次由上而下的自然連接亦與天地人渾然一體，氣勢恢宏，實為硯中之珍品。

金牌（正面）

金牌（背面）

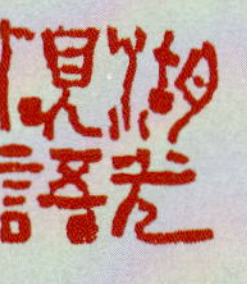

關帝魂　尹大德

三國演義　歷史豐碑

三國亂世，那是陽光灼熱的世界，最好每個人都擁有沙漠裏尋找水源生存般的決裂和義無返顧。硯雕藝術家張竣山、張健似深諳這亂世三國之情境，其硯雕藝術作品《三國演義》硯，就張揚着他對三國時代的詮釋。這方硯在硯雕師的刀筆之下，既沸騰着裊裊四起的硝烟，震天動地的戰鼓；又蜿蜒着時隱時現的古道，還有那一座座威嚴的城池……它情味深濃，有着強勁的藝術震撼力。

這方苴却石品，綠膘、化石藻紋、胭脂凍恰到好處地為硯雕師創作『三國演義』之故事，鋪設了暢達的呈現之路。為準確且真實動人地再現那已塵封的故事，藝術家在硯上鐫刻出了膾炙人口的三國演義中關雲長的故事。為切入這個亮點，作者首先選取硯臺上罕見的紅膘，俏雕出大寫意的紅臉關羽像；又于綠石、化石藻紋及胭脂冰處俏雕出千軍萬馬從峽谷裏奔涌而出，迎風招展的戰旗上赫然印着『關、張』二字，持槍疾行的士兵裹着踏破寧靜的馬蹄聲向城池撲去的場景……

這方硯之畫面，仿佛空氣中透着一股凝重神秘的氣氛，有着『山雨欲來風滿樓、黑雲壓城城欲摧』的境象，一方《三國演義》硯，一座不老的歷史豐碑！

硯名　慈航普度
石品　苴卻石
規格　110cm×30cm×6cm
雕刻　曹加勇
收藏　肖文祥

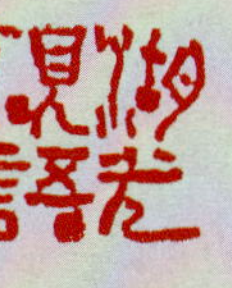

佛光普照　張躍軍

冷月虛明　靈山傳經

千年的明月，千年的清風，千年的故事，滄桑老了，不老的仍是那靈山傳經的勝境。位于中印度摩羯陀國首都王捨城之東北側的靈鷲山，是著名的佛陀説法之地。《西游記》中的唐僧師徒當年西天取經，就曾經過千難萬險，路過此地。

硯雕師張加龍遇一方上層黄膘純正、毫無雜質；下層天青、火捺相互融合，有着一種豐富色彩的硯石，他心不禁浮現出一幅亦真亦幻的佛境圖。于是藝術家在硯中雕刻出了雙耳垂肩、眼睛微閉、一心説佛的如來，亦雕刻出了頂禮膜拜、情態虔誠的唐僧，并雕刻出了抓耳撓腮、令人忍俊不禁的孫行者形象，作品形神畢肖，有着『孤輪獨照江山靜，自笑一聲天地驚』的藝術效應，有着一種『孤立、真實、虛空、無染』的禪境。

在佛教文化的藝術創作中，此件作品有其獨特性。硯雕師之創作有其『寒潭喻圓明佛性，狂濤此欲望溝壑』的藝術求索，他把自己的一種心理感覺與心靈體驗聯系起來，故作品有了所謂『冷月照虛明』的境界。

硯名　三國演義
石品　苴卻石
制硯　張竣山　張　健
雕刻　張　健
規格　62cm×47cm×7cm
收藏　硯　湖

蒼潤九州　耿繼斌

曲徑通幽　福澤華夏

曲勝過直，忍勝過躁。力從內在的衝蕩來，勝過外在的強力；美從迷離中尋來，勝過通透的美感。中國藝術的世界宛如一條彎彎曲曲的小徑，賞藝人沿着這條小道悠然前行，在那深深的處所，有着一座無上妙殿。

《福澤華夏》是經由硯雕後起俊秀梁振華之手的一方變化有序、曲折萬端的精品佳作。制硯大師黎鏗先生評價它「體現出了傳承的主綫」。這件作品硯取端石，硯長五十六厘米，代表中華大家庭由五十六個民族組成；硯堂以「C」型雕琢，寓示龍是華夏之圖騰，華夏民族是龍之傳人；硯眉雕刻九衹蝙蝠，蝙、福諧音，意在「祈福」、「賜福」，而「九」之數又是華夏民族古往今來尊奉的最大數理，亦含蘊中華大地古有九州之分寓意；硯體四周，各有中華傳統之方位圖像，左青龍，右白虎，前朱雀，後玄武，以瓦當的圖形雕琢，清新得體。

它，無疑通體洋溢着濃鬱的中華神韵，簡潔端莊，莊嚴大方，曲徑通幽，精致脫俗。

硯名　靈山傳經
石品　苴卻石
雕刻　張加龍
規格　80cm×43cm×16cm
收藏　肖文祥

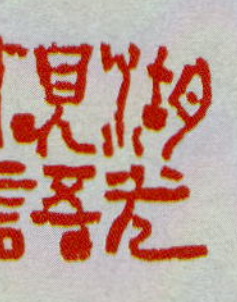

霞飛雪嶺　李　兵

北極風光　詩性靈動

人的生命中，從降落塵凡起，總有很多東西值得揮霍：時間，拈一片在手中，綠瑩瑩泛着水圈。有一天幹枯，又拈起一片，好像總也拈不完。還有思想，常常不加掩飾，該笑則笑，該放肆着便如縱繮野馬，奔馳于一片荒原……一件優秀的藝術作品，亦如此理。它應在反反復復的磨礪中，從沙裏真正淘出金來……硯雕師張健之《北極硯》，就如同這藝術生命中的一場雪，凝結着藝術家晶瑩透亮的思想光芒。

這方硯以廣元白花石而雕刻，硯雕師依托石品上的紫色基石、白色石層，巧妙地俏刻渲染成北極風光，亦依托靈動的白色俏雕出兩衹不畏嚴寒、笨拙可愛的北極熊在寒冰中覓食的憨態，藝術匠心獨具，其精湛的技藝活現出了北極的生態與精神意蘊，更蘊涵着作者大拙若巧的思想境界。

此方硯，是硯湖創作中心新近創作的佳作。整方硯構思巧妙、穎動、詩性、空靈，栩栩如生地再現了北極之自然生態與人文景觀，更活脱脱地詮釋着硯雕藝術家之精警的思想境界。

硯名　福澤華夏
石品　綠端石
規格　56cm × 38cm × 10cm
創意　沉　石
雕刻　梁振華
硯銘　黎　鏗　劉克唐
收藏　硯　湖

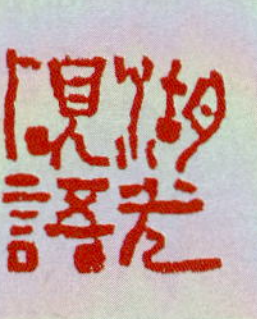

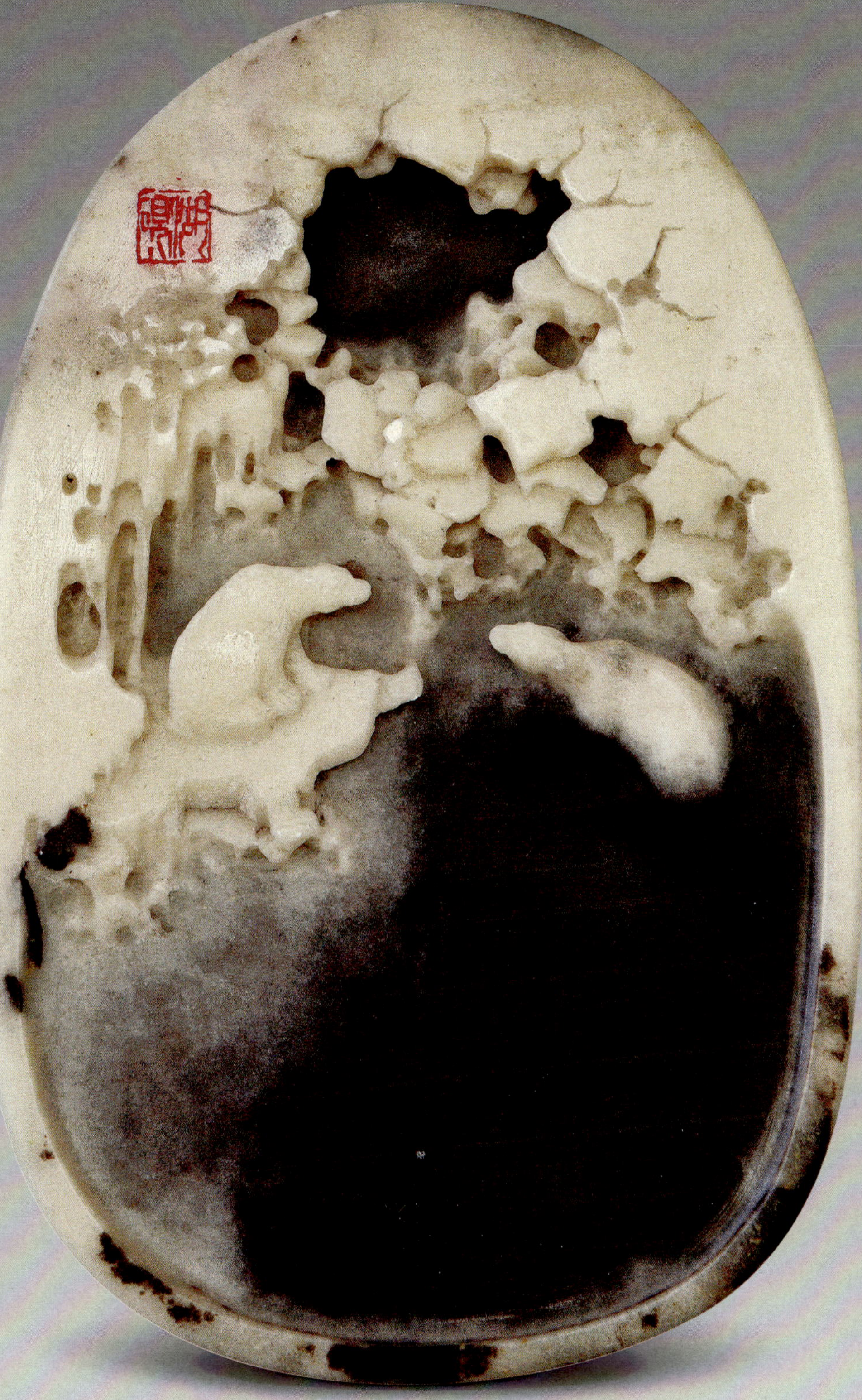

硯名　北極硯
石品　廣元白花石
創意　劉紅軍
設計　肖文祥　張竣山　張　健
雕刻　張　健
規格　8cm × 6cm × 2cm

春曉　卜敬恒

南粵花開　寓意盎然

世間花木，不乏鍾情之人。有這樣一種說法：先秦之人愛香草，晉人愛菊，唐人愛牡丹，宋人則愛梅。看來花草與一個王朝命運相關，亦和一個時代風尚相關，更與一個人之性情相關。因之，屈原愛蘭，陶潛愛菊，周敦頤愛蓮，林逋愛梅。在硯雕大師黎鏗刀筆之下誕生的這方意蘊深厚、技冠群芳的《南粵花開》硯，它讓讀者于賞析中深諳藝術大師亦是一個鍾情于花木的人，一個寓境于花木的人。

藝術家的這方硯，大方得體，穩重厚實，傳統的石品長方形造型。作品上部鐫刻嶺南『紅棉花開』和廣州『中山紀念堂』，下部雕出傳統圓形硯堂、古龍和回文襯托，將傳統圖案和現代標識有機融合，真正體現了端硯文化的創新與發展，也明悉了作品所承載的地域文化之魂。這方硯之誕生，有着一段鮮為人知的故事：二〇〇三年十一月四日，廣東省經濟國際咨詢會聘請了二十七位洋博士擔任省長經濟顧問，省長向他們贈送的禮物便是黎鏗此方硯。此方硯之精妙的藝術構思，在大師的心中有三：一是端硯為中國『群硯之首』；二是端硯產于廣東；三是以木棉花這英雄花與中山紀念堂為飾，寓意南粵大地生機盎然，喜迎賓客。

此方硯深受讀者喜愛，此硯已成為當今端硯師之摹本，屢雕不衰。

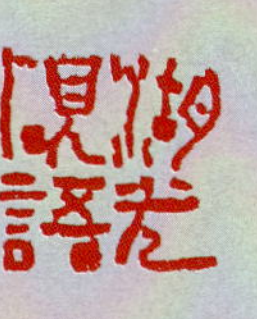

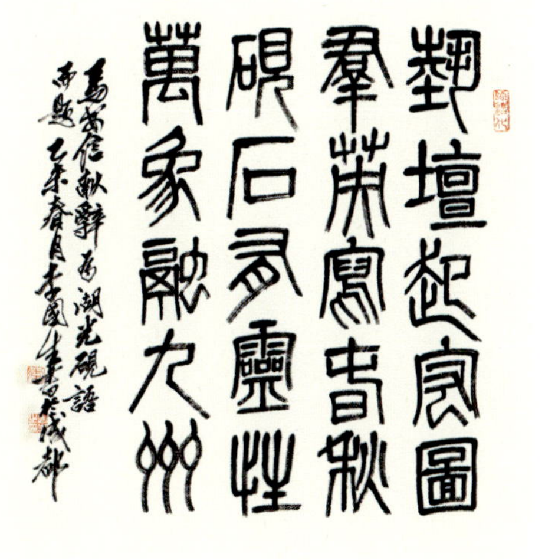

書法　李國生

純靜安謐　簡寫壽星

本想贈你一座山、一片海，可我惟有一滴水、一枝葉、一縷陽光、一彎素月，和在心中積聚了多少年的這一番殷殷的話語，這一份濃濃的祈盼。有人寫河灘的白柳，因為白柳條寧彎不折；有人寫松柏，因為松柏千年長青。可硯雕藝術家莫平敏刀筆之下的《壽星》硯，却以古今衆所周知的民俗中的老壽星直奔主題，老話新說出一件有着藝術蘊籍的珍品！

這方硯造型奇特，整體為一壽星，硯中老壽星額廓隆起，慈眉善目，懷抱一碩大壽桃（硯堂）。硯雕師衹精雕細刻出了壽星面部情態，眉毛、胡須根發畢現，特別是雙眼的處理，笑起來酷似月牙，令人忍俊不禁，驚喜有加。此方硯的特點，就是既簡潔素樸，明白如話，又蘊籍曼妙，耐人尋味。

這是一方含道映物、澄懷味象之作，其藝術內含充滿勃鬱的藝術氣象而見于形象。它自然簡淡，平實中有虛和空靈，簡約中有一種『神』的修煉，不失為一件硯壇精品。

硯名　南粵花開硯
石品　端溪坑仔岩
制硯　黎鏗
規格　30.5cm×18.5cm×2.5cm
收藏　硯湖

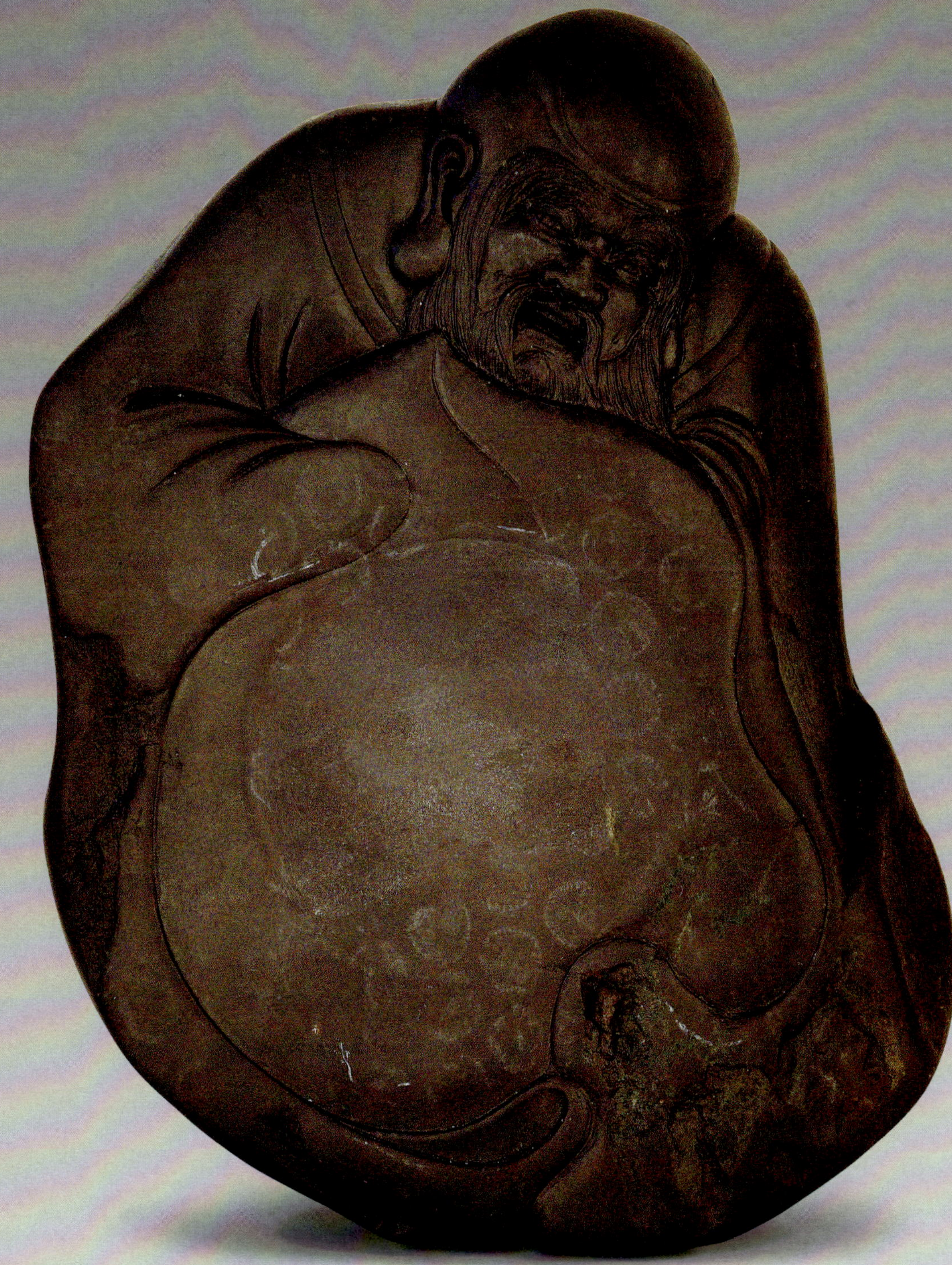

硯名　壽　星
石品　端溪麻子坑魚腦凍石
雕刻　莫平敏
硯銘　塔山漁翁
規格　18.8cm × 13cm × 3cm
收藏　沉　石

往情往事　歷歷在目

讀《蘭亭雅集》硯，我被硯雕藝術家馬萬榮構思心裁獨出、工藝至臻完美的藝術踐行所深深感動。硯雕師自己亦對此硯『情有獨鍾』，讀者讀之，也定然會從中窺出它的意蘊與匠心。

看得出，藝術家對構思、創作這方硯心有自己獨到的認知。許是『蘭亭集』的故事積澱于胸，作者對它動情動心，故有了這件繪聲繪色講述往事的藝術佳作。我們知道，《蘭亭集序》又名《蘭亭序》、《禊帖》等。東晉穆帝永和九年（公元三五三年），王羲之與謝安、孫綽等四十一位軍政高官，在山陰（今浙江紹興）蘭亭『修禊』，會上名人作詩，王羲之為他們的詩寫了序文手稿。《蘭亭序》中記敘蘭亭周遭山水之美和聚會的歡樂之情，抒發了作者對于生死無常的感慨。這往情往事，硯雕藝術家將它淋灕盡致地再現于硯之畫面上，多麼真實，多麼深情，多麼令人嘆服。

這方硯在形體上與人們常見之硯有所不同，突出了規整的正方形，硯之六面都施以精工。硯面雕琢硯堂、硯池；四周以散文《蘭亭集序》所記述的景象，創造出了一幅幅完整的《曲水流觴圖》。畫面雅潔，引人無盡遐思。

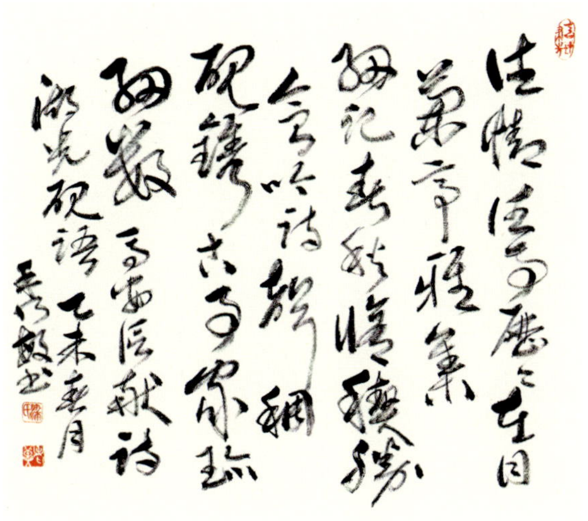

書法　梁秀敏

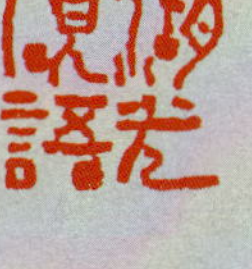

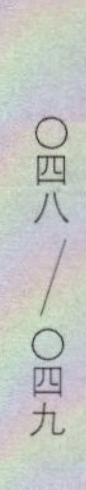

《蘭亭雅集》底部雕刻

硯名　蘭亭雅集
石品　洮河綠石
雕刻　馬萬榮
硯銘　張慶明　王祖偉　羅　海
　　　曹加勇　陳洪新
規格　22.3cm×22.3cm×10.5cm
收藏　硯　湖

漁隱圖　楊昌林

河圖洛書　神秘流溢

蚌用分泌物裹住沙子，減輕自己受磨礪時的痛楚，久而久之地就形成了珍珠。沙粒進得越多，分泌物包裹得越濃，這個珍珠就越大。可以説珍珠的品格和蚌經歷的痛楚是成正比的。這顆『眼泪』最大最圓，説明這個生命此生經歷的困頓也許最苦。博大精深的中國文化遺存，就如同這蚌幻化為珍珠的過程，凝聚着歲月的磨礪與苦痛。這方《河圖洛書》澄泥硯，也如是。

《河圖》與《洛書》是由中國古代遺存下來的兩幅神秘圖案，它是中國文化陰陽五行術數之源。《河圖》《洛書》最早記載于《尚書》，《易傳》，亦有諸子百家記述解讀，太極、八卦、周易、六甲、九星、風水等皆追源至此。《易・系辭上》有雲：『河出圖，洛出書，聖人則之』。

硯雕藝術家李贇根據中國古代文明圖案，借鑒古今詮釋的圖例，經吸收消化後，重新構思、精心創新了這方虢州黄河澄泥硯。這方硯作，有着神性因素的影響，有着渾穆而神秘的特點。每見硯雕師盡是生機的刀筆藝術，讀者自會從中窺出『于渾厚中仍饒逋峭，蒼莽中轉見娟妍，纖細而氣益閎，填塞而境愈闊，意味無窮』的生命體驗。

《蘭亭雅集》周遭圖案

春語　王軍英

簡樸沉重　至高境界

人活着常把自己丢了。這，真的不是笑話。兩千年前的莊子做夢，夢見蝴蝶，醒來後不知自己變成了蝴蝶，還是蝴蝶變成了莊子，活活把自己丢失了。佛經上記載，舍多那尊者正要進鳩摩羅多房間，羅多把門關起來。舍多那在外敲門，羅多道：『屋裏沒人。』

當今社會裏，浮躁之風盛行。面對紛紜的世態，人心驟變，新說淹沒了古訓，金錢替代了思想。于是無知橫行，智慧掃地，凡俗張聲，聖哲低眉。我們常常張聲的『為人民服務』，似乎成了不值一文之詞。硯雕藝術家張慶明之《至高境界》硯，就如同一聲棒喝，令人悟，令人醒！這方硯簡樸得如農人般憨厚，然其內核却沉重得猶如磐石。

誰能說，這方硯并不完美，可在我的心頭，它意存刀筆先，窮醞釀和深思熟慮之蘊藏，是一座厚重的精神豐碑，就聳立在世人面前！

硯名　河圖洛書
硯材　虢州黃河澄泥
制硯　李　贊
規格　52cm×41cm×12cm
收藏　硯　湖

紫雪對語　李國生

勸學心迹　淡話不淡

成功不是昭然若揭地去贏了某一次，成功是任何時候都不要放弃追求下去的信念。成功的人生就像一次遠行，把途中最美好的景色盡收眼底，不要因為旅途的疲憊而錯過每一處賞心悦目的風景。鍥而不舍地攀援，孜孜不倦地求索，方能收獲成功的花環。一如惟有辛勤勞作的農人，壯碩的秋天是他們用晶瑩的汗水澆灌而出。硯雕藝術家羅海之《打鐵還需自身硬》硯，就如此明白如話地告訴了讀者一個精警的人生哲理：鷹擊長空，必有一雙堅韌的翅膀！

衆所周知，《打鐵還需自身硬》這方硯制作完成之時，正是硯雕師羅海剛剛接收到自己被國家評為『中國工藝美術大師』榮譽稱號之際，故心有所感，特雕刻心語以明心志。此語似一句『天涼好個秋』的一句淡話，然其是從藝術家靈魂深處迸發而出的錚錚誓言。

是的，學如逆水行舟，不進則退。硯雕大師羅海此方端硯，是學人的一次亮劍之作，它厚重質樸，看似平淡，却見風骨，其雋永的精神內涵深遠，讀之令讀者如沉浸于醇酒中……

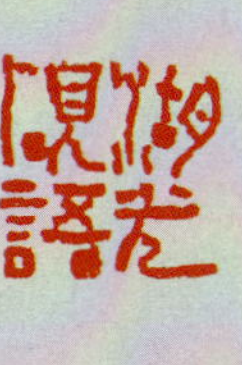

硯名　至高境界
石品　端石
雕刻　張慶明
規格　23cm×13cm×3cm
收藏　硯湖

《獨具慧眼》硯背

獨具慧眼　簡淨無飾

每一塊玉或石，都有着一段深邃的過去，當有一天它尋到了前世的主人，便會決然入世，任你雕琢賞玩。昨日桑田滄海，不過是過眼雲烟，它之使命，衹為了遇見生命中最坦誠，最妥善的人。茫茫人海，那個人，也許在蒹葭彼岸，也許在長亭古道，也許在紅塵陌上，也許在空山幽林。無論經歷多少世，終不改初心，衹陪你共度光陰榮枯。這方端硯真的獨具『慧眼』，它走進了硯雕大師黎鏗的眸子。

這方硯石淹沒于歲月的泥中，渾然天成，古樸堅韌，在歲月的往返輪回裏，為藝術家守候天荒。嚴格地講，石眼在端石中應是一種瑕疵。然而幾百年來『端硯以眼為貴』幾乎成了品評端硯的標準。究其原因，那是藝術家在藝術創作中將石眼『恰到好處』的得以利用。黎鏗大師的這方硯，石眼俊美，充滿靈氣。石眼在此藝術作品裏，既質地高潔，翠綠可人；又眼呈橢圓，甚是難得。

硯雕大師的這方硯，令人一見鐘情，兩難相忘。它的藝術呈現，沁色自然，簡淨無飾，澤潤以溫，讀者讀之，心誠如藏于玉壺裏的冰那樣晶瑩潔淨。

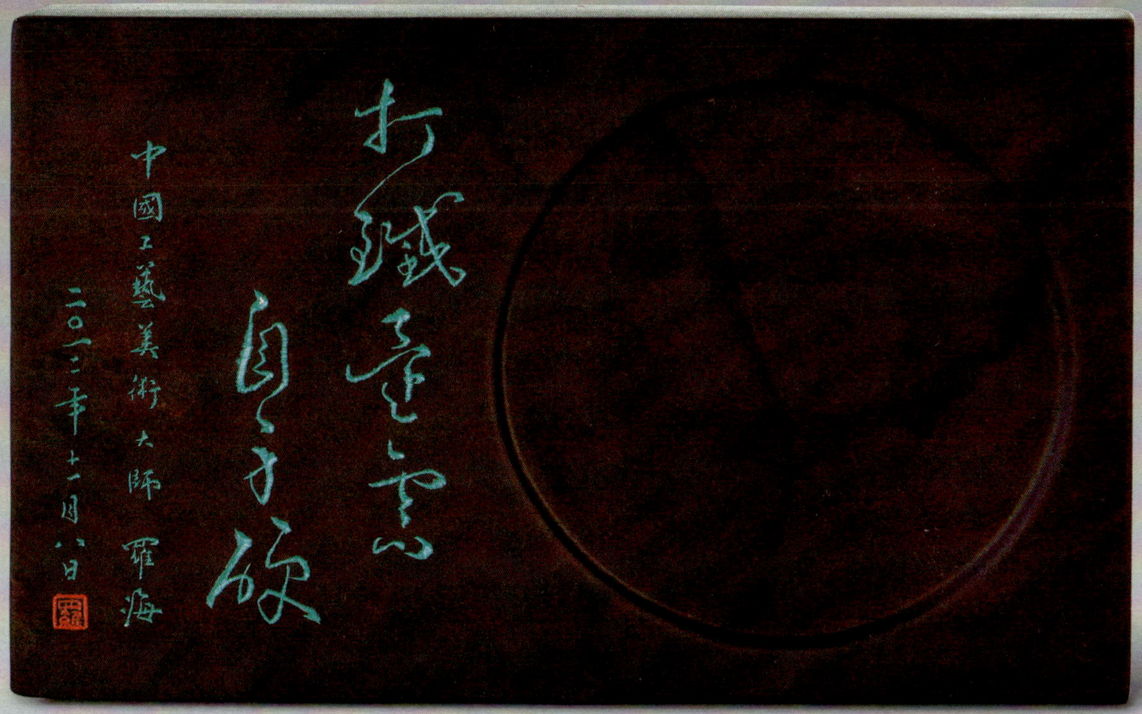

硯名　打鐵還需自身硬
石品　端石
制硯　羅海
規格　12.8cm×7.8cm×2.5cm
收藏　硯湖

《杏壇設教》硯背

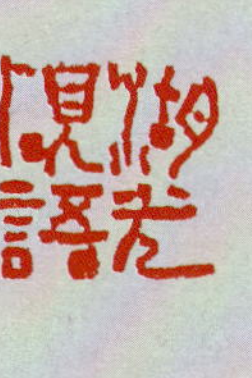

刪繁留簡　中華風骨

關關雎鳩，君子好逑；詩經年代，盛衰榮枯。汨羅江畔，屈原天問；楚辭風華，連綿亘古。子建文采，不凡風骨；江山雲錦，千載漢賦。賞花煮茗，撫琴折柳；酒中唐詩，李白杜甫。婉約豪放，品茶賞舞；宋詞格調，千古風流。芳菲流盡，古道馬瘦；元曲典雅，形薄神厚。滄桑更迭，巍巍春秋；中華風神，耿耿九洲。一套《中華風骨》硯，凝集硯雕藝術家蔣守信之赤子情。

《杏壇設教》硯，采用橙黃顏色的鬆花石制作。硯雕師以孔子講學為主旨，硯面刻畫出龍翔九天、口吐甘霖的場景以闡發『重教若泰山』的遠見卓識。《慈航普度》硯采用瓷白顏色的鬆花石制作。硯雕師在碩大的硯堂周圍雕刻出無垠的大海，于硯堂上首，雕刻出一艘具象的法燈常明的航船；硯背深凹處，雕刻出端坐蓮臺的觀世音菩薩，硯體周邊雕刻阿修羅、緊那羅、摩睺羅加等神佛，以深省的藝術體驗闡發世間待渡人的心境。《桃源問津》和《紫氣東來》硯，皆采用鬆花石為之。前者以陶潛的『采菊東籬下，悠然見南山』詩句為旨歸，刀筆下提煉出了老者菊籬采菊之恬淡意趣；後者以道家『八卦圖』為境，雕出『老子騎牛』的畫面，讓人一目了然，其為『紫氣東來』……

硯雕藝術家蔣守信先生的藝術修為看似平凡，然其胸含萬象，世間風物嫻熟于心，深具文化蘊藏，他刀筆之下的這套《中華風骨》硯，讓世人對其有了重新的感知和認可。

硯名　獨具慧眼
石品　端　石
制硯　黎　鏗
規格　16.3cm×16.3cm×2.5cm
收藏　硯　湖

硯名　慈航普度
石品　白山江源松花石
創意　沉　石
制硯　蔣守信
規格　29.5cm×23cm×9cm

硯名　杏壇設教
石品　本溪橋頭松花石
創意　沉　石
制硯　蔣守信
刊文　高人元
規格　29.5cm×23cm×9cm

待飛　李國生

鵬舞大風　情懷圖騰

『衡岳獨秀，九嶷崆峒。湘資沅澧，濤涌洞庭。芙蓉國度，瑰寶暉映。國藩湘硯，鵬舞大風。』這是硯雕藝術家歐志發的溪硯《鵬舞大風》之銘文。

這方硯利用上等溪石雙峰綠膘雕刻出展翅高飛的大鵬，那蒼勁的山松在大鵬的翅風下搖擺飄蕩，那飄飄欲仙的雲朵，在遠天飄忽不定……簡潔的場景，簡淨的表達，簡練的藝術語言，活靈活現地凸現出了硯雕藝術家之創作匠心。

許是借景抒懷，硯雕師藉以東風浩蕩、大鵬展翅、山松蔥鬱、遠天雲飛的意象，來寄寓人生之步步高升，事事順利的情懷。誰能說它祇是一種圖像的真實存在，它分明是一種生命真實的呈現與升華。讀此硯的感悟是多維的，我從中讀出了『鵬舞大風，情懷圖騰』的意味。

硯名　桃園問津
石品　白山江源松花石
創意　沉　石
制硯　蔣守信
規格　29.5cm × 23cm × 9cm

硯名　紫氣東來
石品　白山江源鬆花石
創意　沉　石
制硯　蔣守信（硯雕工藝家、吉林省工藝美術大師）
規格　29.5cm × 23cm × 9cm

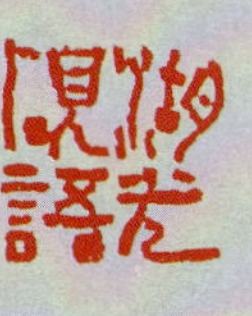

《日升東魯》硯背

日出東魯　高山仰止

讀硯雕大師劉克唐先生之《日升東魯》硯，那古雅樸厚、渾重凝煉、旨趣遥深、格高暢神的藝術風骨真的令人高山仰止。

這是一方中國名硯之一的尼山硯，它因硯石料取材于孔子誕生地尼山而得名。『尼山之石，紋理精膩，質堅色黃，可以為硯。得之不易，近無用者。』清·《曲阜縣志》如是載。克唐大師的這方《日升東魯》硯，即雕刻了孔子像，又錄《論語》片言刊之；既巧施刀筆，在酷似大好河山的上空冉冉升出紅日，又敏鋭地捕捉生動形象，在藝術形象上凝結情感色彩，以意味無窮的藝術力量引領讀者走向『暢神』。

這方硯給讀者的啟示是無窮的。它讓我們懂得：人生與藝術一樣，如那日升東魯，需要一番藝術的再創造，才能盡善盡美。一個藝術家如果能『搜盡奇峰打草稿』，定然會『山川與予神遇而迹化』。這是人生的旨歸，亦是藝術的旨歸。

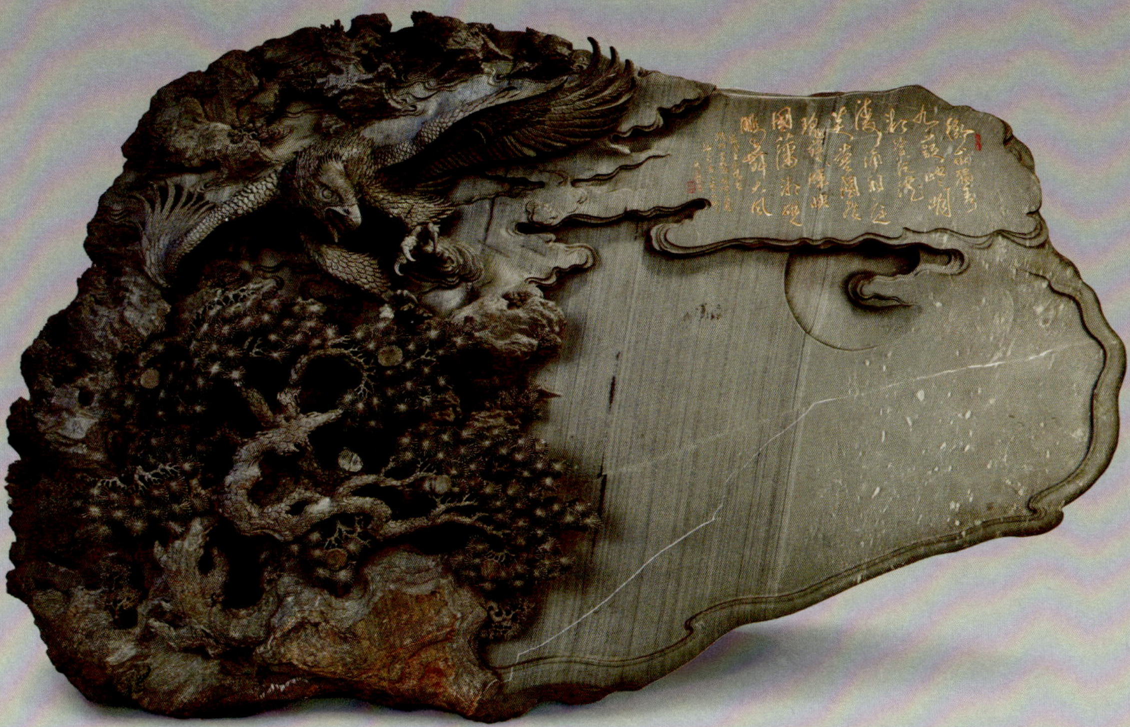

硯名　鵬舞大風
石品　雙峰溪口綠石
制硯　歐志發
硯銘　沉　石
刊銘　歐志發
規格　88cm × 58cm × 16cm

蜀山風情　孟　夏

大風歌吟　彰顯思想

一個跛脚的人不會使我們煩惱，但一種跛脚的精神却可置我們于死地。越過宇宙的遼闊，你會發現精神、人格、智慧的偉岸。一切物體輝煌，都比不上精神的瑰麗。萬物對自己一無所知，而精神恰如永恒的炬光，洞穿時空。硯雕師程禮徽之《大風歌》硯，其藝術表現為讀者播種着披荆斬棘的精神的快樂。

為表現漢高祖劉邦完成大漢霸業、衣錦還鄉的豪情，硯雕師程禮徽以流暢的刀筆、嫻熟的雕工，既雕刻出了布衣皇帝的凛凛威風以及身後『漢』字烈烈旌旗，又雕刻出了劉邦衣錦還鄉款待父老鄉親以及乘酒興高吭《大風歌》的場鏡。『大風起兮雲飛揚，威加海内兮歸故鄉，安得猛士兮守四方。』充滿豪情，充滿激揚，令人遐思暢想。

硯作完成後，硯雕師俞青又于硯端雕刻出六十二銘文，讓這方硯及深具沉甸甸的『思想』的重量，令人思，令人悟！

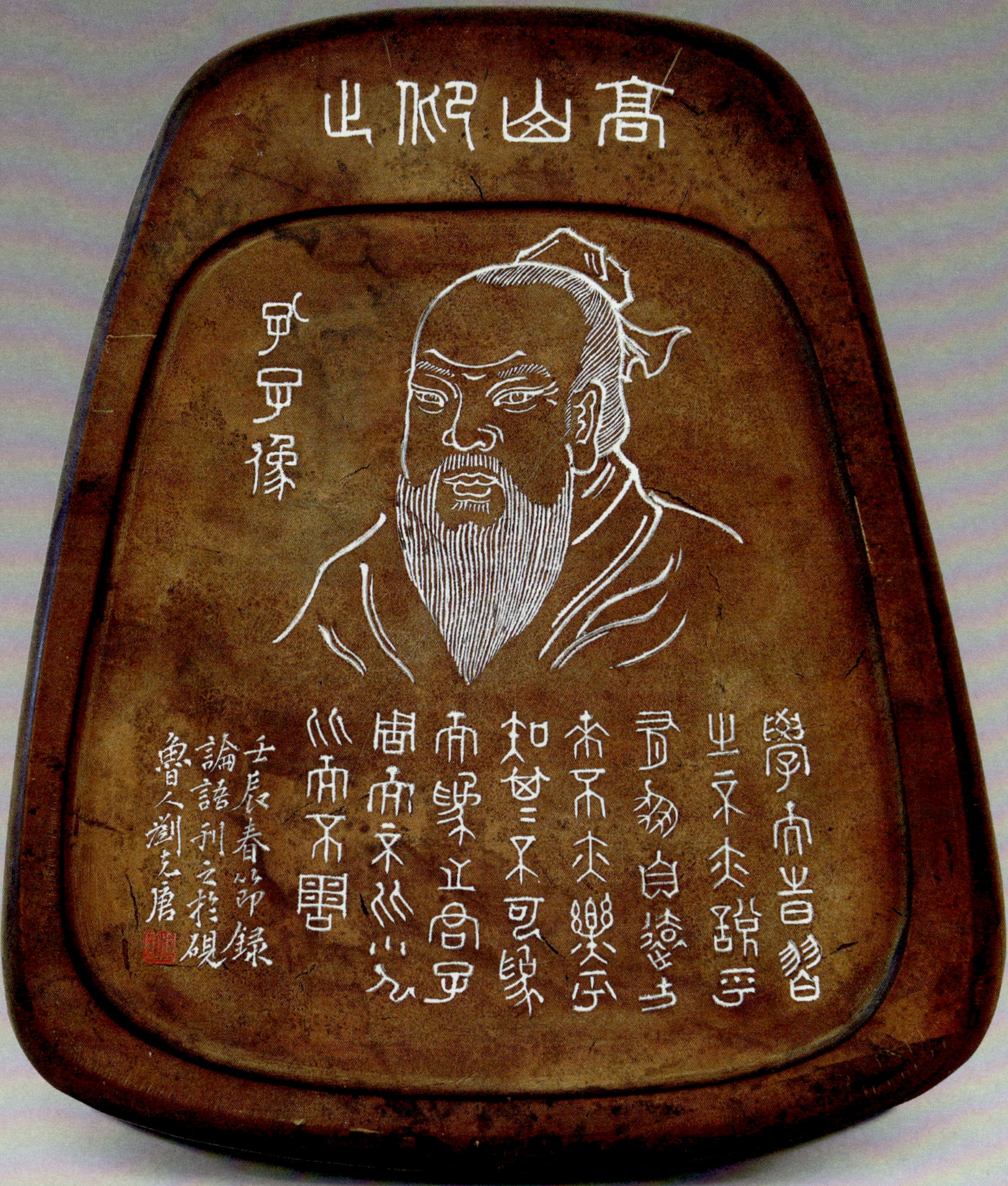

硯名　日升東魯
石品　山東曲阜尼山石
制硯　劉克唐
硯銘　劉克唐
銘文　壬辰二月六日　劉克唐制
規格　27cm×22.5cm×4cm
收藏　硯　湖

玉蘭臨春　李國生

人生有情　素樸為懷

這是一方清朝的古硯，其結構嚴謹，硯雕語言流暢生動，飽含人情，富有實用價值，不時有一種『素樸』的情懷散布其間。讀它，我們既有着『床前明月光』的清清亮亮的驚喜，又有着『春眠不覺曉』的起起落落的品味。

這方硯，硯堂渾圓厚重，硯堂邊緣有槽正合硯蓋；硯池組成八角，相互獨立，可分別貯水、墨等，它是一方頗富實用價值的作品。令人警策的是這方硯，硯蓋雕工精細，蓮花亦可成八瓣，蓮花中心為蓋鈕，蓋鈕恰似蓮蓬，不但便于提捏，又極富人生意象。

我們說，中國藝術的最高境界應是『清水出芙蓉，天然去雕飾』。從這方人生有情、素樸為懷的硯中，我們窺出了一條暢然高蹈的人生哲理，那就是以巧追巧，并不能巧，拙中見巧，方為大巧；平淡是真，素樸也是一種大氣硬朗的情懷與風度。

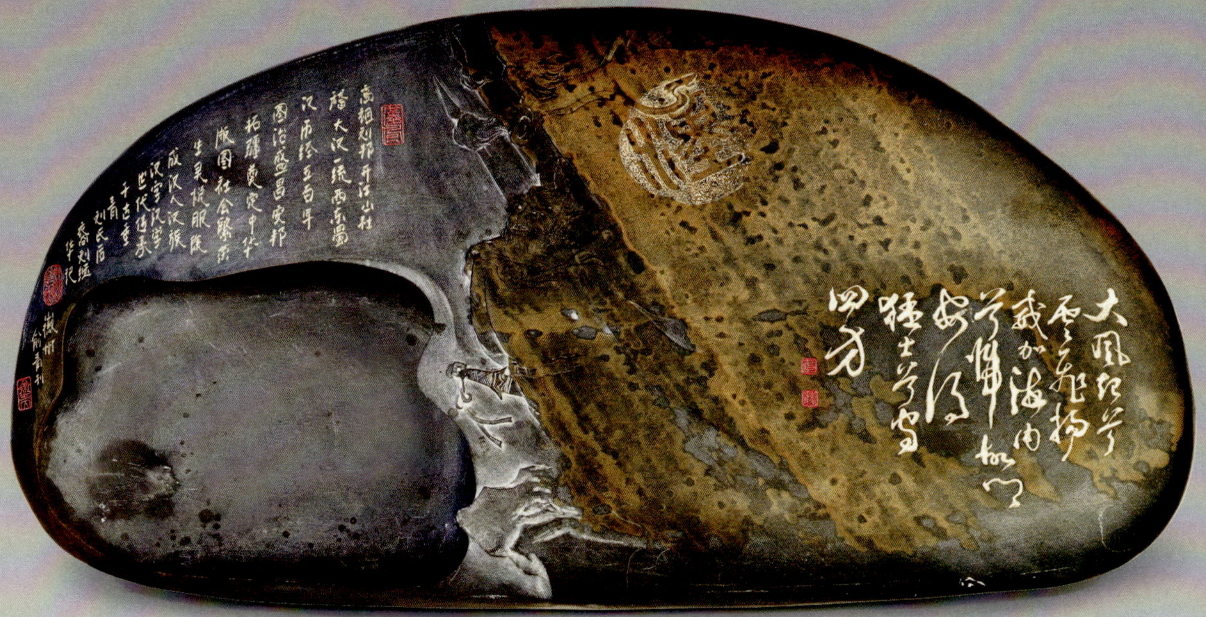

硯名　大風歌
石品　歙石金星金韵石
創意　沉石　程禮徽
設計　沉石　程禮徽
雕刻　程禮徽
硯銘　沉石
刊銘　俞青
規格　52cm×26cm×10cm
收藏　硯湖

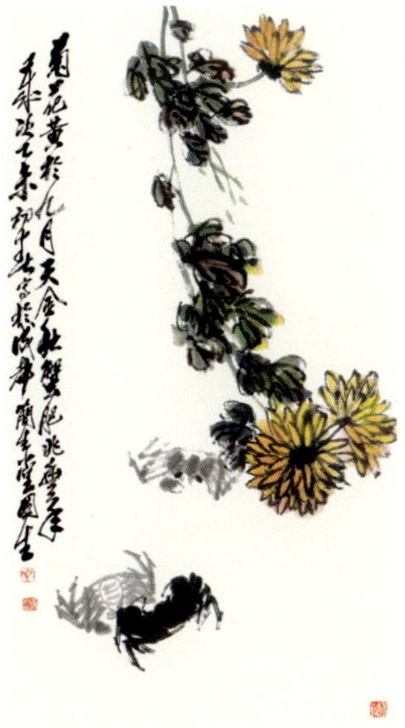
金秋蟹肥　李國生

硯中珍品　硯壇清詞

最耐人尋味的，依然是那些老去的古物，一卷書、一張琴、一軸畫、一朵青花、一衹銀簪、一方古硯……久遠的歷史，漫長的光陰，你不曾與它同過生死，有過誓言，但緣分讓你與它悄然相逢……我就這樣收藏到了一方《雙龍戲珠》硯（清代），這方硯質地細膩，色澤溫潤，雕工精細、工整，采用石材系綠膘和石眼，天然生成中凸現着自然生動，典雅含蓄裏搖曳着秀美，它許是迄今為止人們發現最早的一方苴却硯。

細細品讀這方硯，硯雕師的刀筆之下垂柳、河堤、房屋、河中蟹等景象栩栩如生，呼之欲出；更絕處是那硯額上有顆石眼猶如寶珠，熠熠生輝，引得二龍相爭。硯雕師以浪漫主義的藝術創新手法將硯池縷空，以龍身纏繞覆蓋，工整對稱，極富詩意，且又在硯下留駐墨槽，便于傾墨，無疑增強了『文房四寶』硯之實用性。

這是一方硯中珍品，這是一闋硯壇清詞……

硯名　連蓋八角硯
年代　清　末
規格　32cm×32cm×3cm
收藏　硯　湖

硯名　雙龍戲珠硯
石品　苴卻硯
年代　清　代
規格　25cm×25cm×3cm
收藏　硯　湖

商若癸鼎　平中見奇

每個人都是他自己民族的兒子，沒有人能超出他的時代，正如沒有人能够超出他的皮膚一樣。一句話，歷史是人創造的，是為人創造的。中國歷史文化對『鼎』的倚重，就有着認識自己生命活動的詮釋。『鼎』顯赫，『鼎』顯貴，『鼎』甲骨文字形，上面的部分像鼎的左右耳及鼎腹，下面像鼎足。從舉世聞名的殷墟所在地河南安陽到『商鼎』，我們對中國古代禮制文化典型象徵的『鼎』有了更為深刻的理解。

由沉石銘硯，凌紅軍、張永鴻設計，王宏俊、方利輝制作的《青銅博古硯四十五式之部分》硯，就是從『鼎』之喻出發來展現自己對中國古代禮制文化的解讀。『鼎臣』—意指宰相；『鼎峙』—鼎之三足，三方并峙，古意喻宰相治理國家；『鼎祚』—意指國運。硯雕藝術家意蘊厚重的藝術創作，誠如硯銘：『圓象徵以陽，方象徵以陰，三足象徵以三公，四足象徵以四輔，（蜼）形寓以智慧，雲雷盡顯萬物之功德。』

這方硯，有着一種獨標真性的沉着痛快的精神，有着一種以拙為美，以樸為真的優游不迫的藝術追求。硯雕師在創造這方硯的過程中，雕刻之藝術探求，深深打上了『渾全素樸』的美學旨歸。因之，它『以瀟灑之筆，發蒼渾之氣』，以『逸萬不群』，顯『平中見奇』。

蜀山幽居　孟　夏

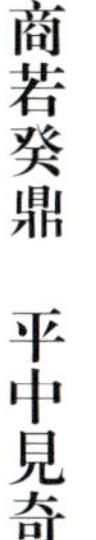

《硯叔》硯背

硯叔之硯　內涵渾重

藝術即人，藝術創造實則是反映人之精神、人之品格、人之學問、修養。有第一流的人品、學問、修養，才有第一流的作品，才有望達到藝術中物我兩忘、天人合一的最高境界。由沉石先生創意，亞太地區手工藝大師黎鏗、中國工藝美術大師劉克唐、張慶明和民間硯雕大師方見塵親筆書『銘』，硯雕藝術家梁振華雕刻的《硯叔》硯，堪稱一件最具強烈的主體精神和濃鬱的抒懷性的精品佳作。

這方硯為傳統鼓型。硯面硯底邊緣，分別雕琢鼓釘三十六顆和三十三顆，釘粒粗拙飽滿。硯面周遭由六十個回紋和六十個壽紋鏈接成正圓，將滿月形硯堂、日蝕狀墨池和月牙式飾紋合圍。硯堂和盤托起，由墨池、墨渠環繞。墨池、墨渠深凹相連，四水歸堂。中雕正圓圍繞的『壽』字，左右龍鳳相擁，自上而下漸窄漸失。硯背扶手深凸，飾『鶴唳中天圖』。圖下銘文曰『斧鉞儀仗，鼓樂軒昂。道骨仙風，鶴唳四方。硯叔屯田，刀筆倘佯。鼓鶴齊鳴，天地盈光。啟首閑章：厚德載物。銘文扼要詮釋了《叔硯》的制式、圖飾、寓意乃至硯文化之概況。這是一方內涵渾重的端硯。

這方硯寫景則物我兩忘，寫情則沁人心脾，寫境則天人合一。它，是藝術家精神的凸現，人格的弘揚，學問的呈現。

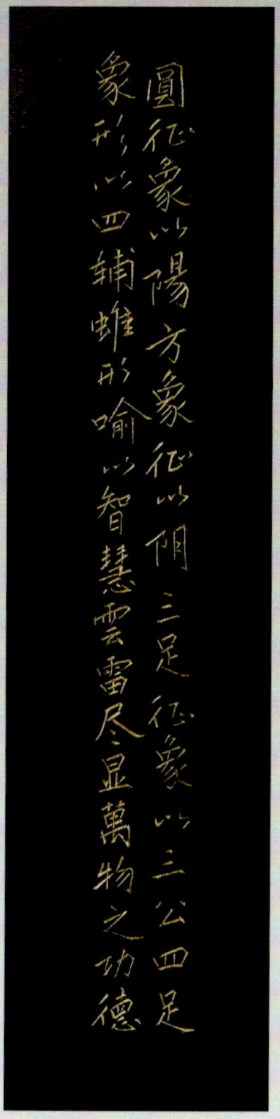

硯名　青銅博古硯四十五式之部分
石品　歙　石
創意　沉　石　凌紅軍　張永鴻
設計　沉　石　凌紅軍　張永鴻
雕刻　李利賓　王宏俊　方利輝
硯銘　張永鴻
銘款　方見塵
序文硯記　沉　石
規格　29.5cm × 20cm × 7cm

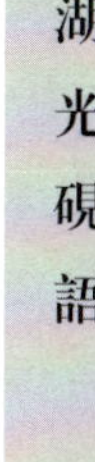

峨眉春曉　王軍英

返璞歸真　紅絲入緣

在這個物欲橫流的紅塵裏，我真的渴望自己放下一切世俗的負累，做一個簡單、清淡的人。許是向往一種返璞歸真的生活，每每與青山綠水結伴，每每和明月清風為鄰，每每隨款款緣分同行，我在數年前便收藏到了這方紅絲硯。

假日閑暇，反復把玩之際，我對這方紅絲硯情有獨鍾。衆所周知，在端硯、歙硯尚在悄然崛起之時，唐代青州沂山北麓老崖崮的紅絲石便已獨領風騷。自唐迄今，紅絲硯在歷代典籍中多有記載，它摘取了唐宋以來『四大名硯』之首的桂冠。以此石雕刻的紅絲硯，備受文人墨客的青睞與贊譽。這方紅絲硯質地優良，研墨液如油，蓄墨色如漆，匣藏不幹澀，其雕刻藝術拙樸、自然，『清水出芙蓉，天然去雕飾』，大拙如巧，大樸歸真。

『文房四寶』之一的硯，是歷代文人雅士案頭的必備品，紅絲硯石中既含有質硬鋒利的二氧化硅，又含有質細潤澤的鈣、鎂等物質，以它制成的硯既發墨快又細膩，且潤筆護毫。因之，我心系于斯，執愛于斯，收藏于斯。

硯名　硯叔
石品　端溪紫雲谷坑仔岩石
創意　沉石
雕刻　梁振華
硯銘　黎鏗　劉克唐　張慶明
方見塵　沉石
規格　29.9cm×29.9cm×11.3cm
收藏　硯湖

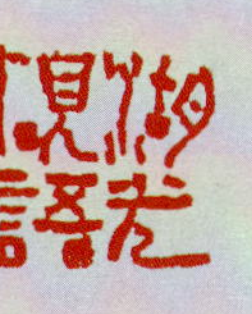

硯名　紅絲硯
規格　22cm × 19cm × 3cm
收藏　硯湖

鯤鵬騰達　寓意高潔

這是一方傳統的硯品，刀筆簡約，意蘊深厚，硯雕師以其精純的鐫刻語言來鋪陳他的思想，其藝術構思所表達的意象經過了『純化』，風格呈現得較為穩定。

這方《鯤鵬硯》的挖掘人是馮軍，他在方形綠色石硯上，池之下方高浮雕出一鯤，仰身沉浮于滾滾波濤中，池之上方高浮雕出一鵬，翱翔于滔滔雲海間；鯤身沉入波濤，尾為魚尾形，首為龍首；鵬身為鳳形，首為鷹爪，爪為人臂與人手形。硯背周遭起寬梭，中央鐫刻楷書銘：『壽古而質潤，色綠而聲清，起墨益毫，故其寶也。』其硯蓋面飾高凸成長方形框，周緣寬棱上淺浮雕仿古龍紋，框內鏤刻篆體『逍遥』二字。這方硯無言，可沉默是金，它有着如『金』般的藝術內涵。

這方硯的出彩之處，是它形成了自己程式化的符號，那就是『純化』的藝術深蘊。鯤鵬之寓，騰達之意，它是硯雕藝術家的心靈寄托，也是藝術家藝術創造的一個標志。一方《鯤鵬硯》，一段人生踐行與靈魂的對話。

仿大清禦治《鯤鵬硯》・康熙款・18.5cm × 12.6cm × 5.1cm

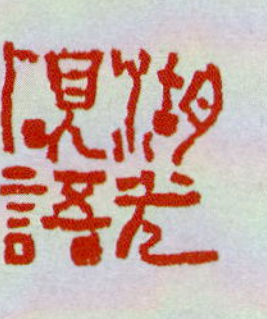

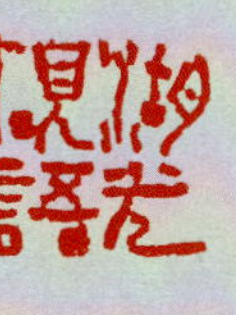

三月春情　李國生

太陽神鳥　臻于化境

硯雕藝術，少而工，老而淡，淡畦工，不工亦何能淡？刀筆草草，而寄托深遠，好像得于偶然，實則所謂偶然乃是基于必然。誠如古賢戴熙有雲：『有意于畫，筆墨每去尋畫。無意于畫，畫自來尋筆墨。有意蓋不如無意之妙耳。』這樣來比喻功力至深方能妙造自如。硯雕藝術蓋莫能外。由硯雕藝術家張竣山創意、設計，張健、余水制作之《太陽神鳥》硯，為什麼會有着動人的意境，有着一種『臻于化境』的美感？皆源自于藝術家賦予作品的生命的『無意』。

太陽神鳥二〇〇一年出土于金沙遺址，已被國家批準為中國文化遺產的保護標志。它的外圍由四祇完全相同的神鳥組成，神鳥相連，圍繞太陽飛翔，代表一年四季。內層太陽周圍十二道等距離分布的象牙狀弧形旋轉芒紋，代表一年十二個月。硯雕藝術家刀筆之下的綫條簡練流暢，極富韵律，充滿強烈的動感，有着極強的象徵意味與想象空間。它生動地再現了遠古人類『金烏負日』的神話傳説。四祇神鳥周而復始地圍繞着太陽飛翔，其生生不息地運動表達了古蜀人對太陽鳥的崇拜與對生命的謳歌。

令人驚嘆的是硯雕藝術家不僅在硯臺上表現了『金烏負日』的神話，更于方寸之間竟蘊含了『鳳凰涅槃』的寓意，那極像一祇鳳凰輪廓的綠膘，以及鳳凰周身火焰中隱藏的九祇神鳥，又寓示了『後羿射日』的典故，其作品形簡意賅，蘊藏豐厚，堪稱硯中之瑰寶。

硯名　仿清宮御治《松樹硯》・雍正款
規格　11.4cm×7.6cm×2cm

硯名　仿清宮御治《容德硯》・康熙款
規格　16.1cm×11.2cm×3.4cm

硯名　仿清宮御治松花硯百珍之部分
石品　松花石
挖掘人　馮　軍

臨溪居寂圖　王軍英

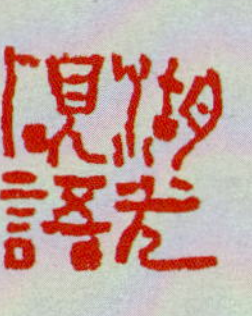

中國端硯　著我色彩

這是一方傳統的端硯，一方規整的端硯，一方閃爍着『樸厚、渾重、端正、有神、有魂』藝術光芒的精品端硯。硯雕大師張慶明以『中國』的名義，用他流暢、簡達的精湛刀筆雕刻。這方硯，仿佛是在炎黃子孫的心田裏、血液裏，思維裏，神經中樞裏，吟唱出了一片葱蘢，一片新綠。作品是那樣莊重、渾樸，是那樣簡淨、深純。

『星岩朗曜光山海，硯渚清風播古今。』硯銘詩句讓讀者清醒，清醒之中又能讓讀者讀懂中國端硯歲月鉛華中的種種道理。『一方端硯醒雙眼，石玉有情信有神。』這是我收藏各種名硯，共度光陰榮枯中的體悟。是的，一方好硯在手，我心便會醒了，眼睛也就清了，于是便會從硯之藝術創造中，窺見硯雕藝術家訴說于硯石之中的心語。石有靈，靈石在硯中就這樣靜靜地訴說着。

什麼是中國人所推崇的意境？美學大師宗白華先生認為，『意境』是造化與心源合一，是客觀的自然景象和主觀的生命情調的交融滲化』。『外師造化，中得心源』，外在有造化，內心有源頭，祇有主客觀交融，方能稱為意境。硯雕大師之這方《中國端硯》，便是一方『意境可以以我觀物，處處皆著我之色彩』；『也可以以物觀我，讓自己融入自然』的藝術精品。

硯名　太陽神鳥
石品　苴卻石
創意　張竣山
設計　張竣山
雕刻　張　健　余　水
刊銘　張　碩
規格　66cm×33cm×6.5cm
收藏　硯　湖

硯名　中國端硯
石品　端溪石
制硯　張慶明
規格　20cm×7cm×3cm
收藏　硯　湖

餘味曲包　梅鶴同春

我們常説中華民族的特性中有這樣的特徵，説話委婉，重視内蘊，強調内忍，十分看重言外的意味。象外之象、味外之味，才是人們追求的目標。換言之，美如霧裏看花，美在味外之味，美的體驗應是一種悠長的回味，美的表現應是一種表面上并不聲張的創造。硯雕藝術家張洪海的《梅鶴同春》，美就美在一種流動的、清幽的、綿長的、内蘊的婉曲與靜謐的藝術創造中，妙就妙在一種『深夕隱蔚、餘味曲包』，有啟迪人想像空間的藝術深蘊裏。

這方硯，典出宋·林逋《梅鶴同春》。林逋隱于西湖孤山，梅鶴為侶，頗得恬雅之趣，後人謂之『梅妻鶴子』，傳為佳話。硯雕藝術家張洪海借林逋之詩意，借硯石奇絕之飾象，巧捉刀筆，寫盡胸臆。硯石上金星金暈幻化出的奇景撲面而臨，硯雕家則將散亂或整形的金星金暈刀筆或點綴為瑞雪飛花、或臨寒雪梅、或平野雪地，又大寫意般地雕出一雙白鶴，依偎在樹下雪裏。

這方作品含蓄蘊藉，刀刀藏，刀刀顯；不直接，又顯露；既穩實，又漂移，既有力，又内蘊；表面不假雕飾，内裏却充滿藝術匠心，有着一種音樂般回蕩空間的美感。

山鄉拾趣　王軍英

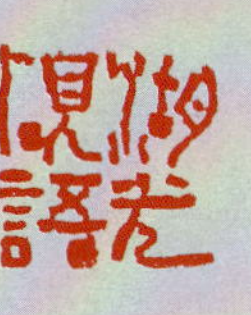

華軒竹影　肖朝德

簡潔古樸　生命向往

一棵怪樹、醜樹、無用的老樹，莊子稱為『散木』，正因其『不材』、無用，所以能得全其天年。枯、怪、醜，雖然比不上鬱鬱蔥蔥的棟梁之材，但卻得天全，得道。所以莊子說做人，要處于材與不材之間。一個藝術家要創作出真正有生命力的優秀之作，亦須在醜中求美，在怪中求理，在荒誕中求平常的道理，在枯朽中追求生命『真』的意義。說到底，一段枯木、醜石，昭示的就是一種生命的意義。

硯雕師張永鴻的這方《淌池硯》，真的看似不起眼，仿佛不入讀者法眼。可我收藏了它，我從這方看似枯萎卻隱含着活力的歙硯中，有了對一種生命力的向往。

這方硯為傳統的淌池素硯，硯形長方，上等綫眉紋配以精準的刀工，整體造形綫條流暢，簡潔古樸，足見硯雕師功力之深厚。它，是一方不可多得且不可不藏的歙硯。

硯名　梅鶴同春
石品　苴卻石
制硯　張洪海
規格　46cm×42cm×4.2cm
收藏　硯　湖

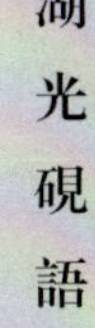

竹節銘志　肖朝德

獨坐幽篁　彰顯竹節

竹，君子也。一為氣節，二為虛心。白居易《養竹記》云：『竹似賢，何哉？竹本固，固以樹德，君子見其本，則思善建不拔者。竹性直，直以立身；君子見其性，則思中立不倚者。竹心空，空似體道；君子見其心，則思應用虛者。竹節貞，貞以立志；君子見其節，則思砥礪名行，夷險一致者。夫如是，故君子人多樹為庭實焉。』硯雕師劉開君之《竹節》硯，其靈動的設計理念和精湛的雕刻技藝，讓人傾心折服。

這方硯石可謂大自然鬼斧神工之杰作，其為鱔魚黃膘，堪稱苴却石中之上品。硯雕師既有丘壑在胸的『成竹』，又有神境畢現的『心魂』，故以簡淨之藝術手法求索，廖廖數刀，便活靈活現出立意新穎、蒼勁有力的竹風，活化了竹之品節。

才高千古的風流名士蘇東坡有咏竹名句：『寧可食無肉，不可居無竹。無肉令人瘦，無竹令人俗。』硯雕師許與禪佛有緣，其在硯的形體裏，以竹之風骨證悟人生，真的令人敬慕。

硯名　淌池硯
石品　歙　硯
制硯　張永鴻
規格　12cm×18cm×4cm
收藏　硯　湖

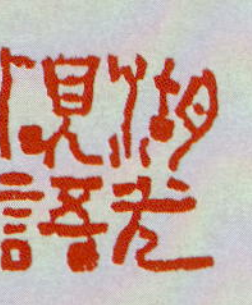

食比天壽齊　李國生

歲月更迭　豐收宜人

聆聽農人沉默的心語，是進入農人至純至靜、至平至深思想境界的哲理的惟一途徑。承受着農人平靜勞作的詮釋，我們的藝術家們渴望能和山鄉的山樹暢談，能和農人大豐收後的喜悅相擁。硯雕師劉開君之《大豐收》硯，不正是他一束靈性的昭示、度入了生命本真的風景麼？

這方硯之創作取材于農人的日常生活，硯雕師充分運用石品之色彩來彰顯其藝術的魅力。花生與簸箕是農人的生活與勞作之必需品，它在藝術家的刀筆下却如此細致入微，惟妙惟肖，而那兩祇蜘蛛更使整個作品美侖美奐。

硯雕師創作中的這種探求精神，既穩如泰山，又飛如行雲，有着在靜穆中求飛動的求索。這方硯作，真正體現了硯雕藝術家『天機流蕩，生意蔚然』的藝術創作的悠長韻味。它已達到了一種『無鞍乘野馬』的自由狀態，這是一種無拘無束、天人合一的藝術境界。

硯名　竹　節
石品　苴卻石
制硯　劉開君
規格　33cm×17.5cm×5.5cm

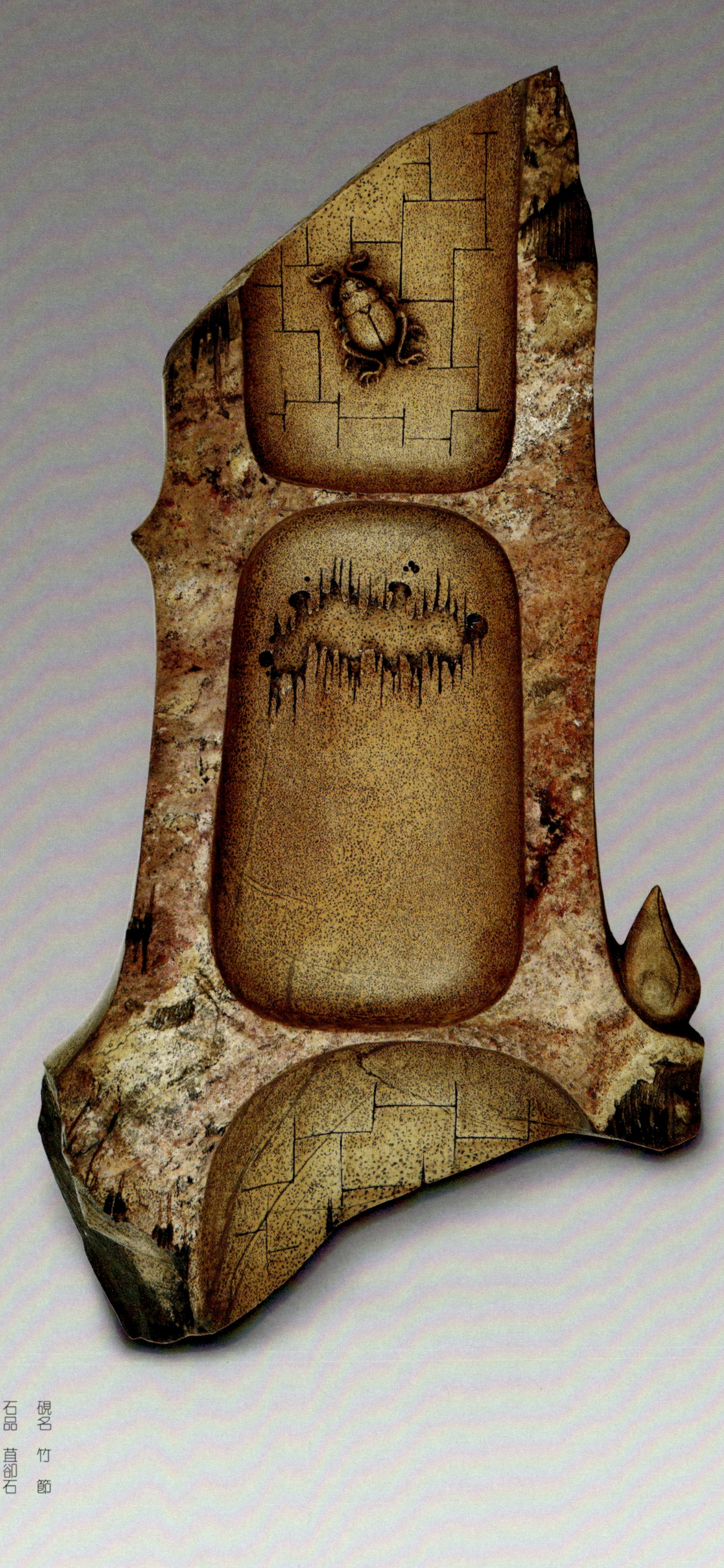

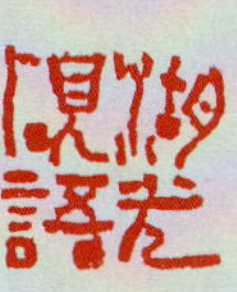

雄鷄唱大風　李國生

平中見奇　樸中見麗

山鄉父老的一生，是一個漫長的鑄弓的過程；山鄉父老的一生，是一個歷史阡陌縱橫的過程；山鄉父老的一生，是一個熱泪盈眶感動歲月的過程。硯雕師刀筆下的山鄉父老的生活如溪流，纏繞出了莊稼的憧憬，一點一滴孕育出了山鄉父老們的苦澀與歡欣。

也許硯雕師劉開君不會變成一張弓，可他有思想、會說話的刀筆却似劍，切割出了生存的沉重。莫要小視這方《花生》硯，花生，一個使人深深思忖的物象，足以迸發出生命的火花。這方硯石的成色以及斑點，使得整件作品足以假亂真，它表現出的濃厚的山鄉父老的生活氣息，足令讀者從藝術家精妙的呈現中獲得深刻的啟迪。

這方硯的創作理念既平實，又奇崛；既素樸，又華麗；既令人思，又令人悟……看得出，藝術家篤誠專一、聚精會神地在硯臺耕耘，他必定會贏得人們的尊敬。

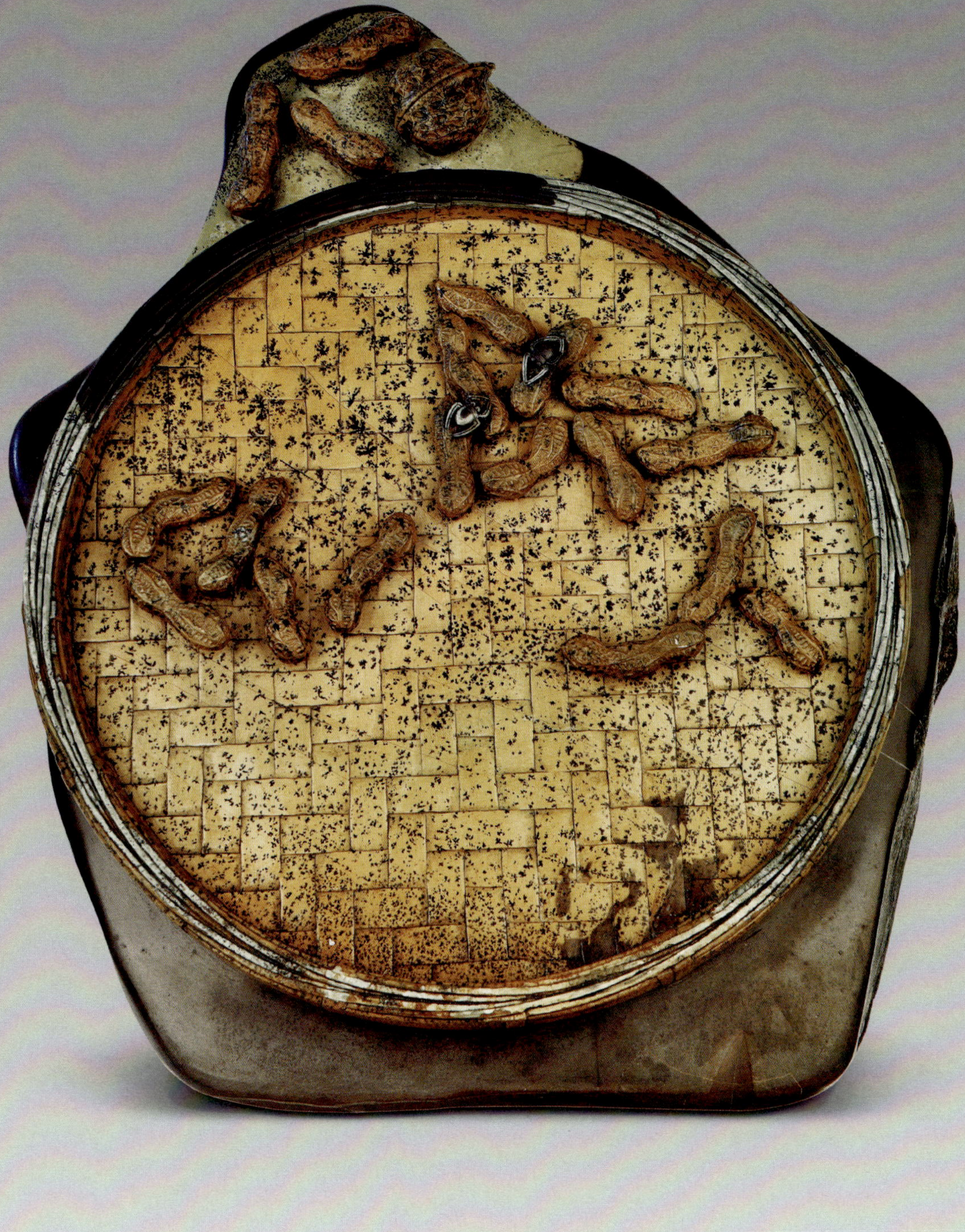

硯名　大豐收
石品　苴卻石
制硯　劉開君
規格　45cm×37.5cm×9cm

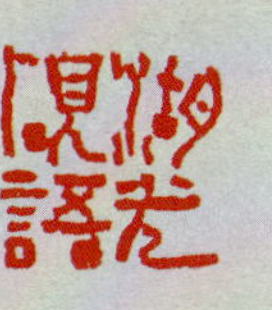

踏雪壯脊梁　李　兵

重述歷史　營造境界

生命的真實是通過中國藝術的獨特追求——『境界』來實現的。境界，在一定的意義上，可以稱為『顯現生命真實的世界』。境界不是風格，它是人在當下妙悟中所創造的一個價值世界，其中包含着藝術家獨特的生命感覺和人生智慧。硯雕藝術家劉開君《三英戰呂布》苴却硯，堪稱藝術家之巔峰之作。

此硯的創作踐行，凝聚着藝術家對渾厚華滋境界的追求。硯雕藝術家將我國古典名著《三國演義》中的一個精彩故事片段進行了淋漓盡致的闡發，『三英戰呂布』的沙場血拼，在他的刀筆下栩栩如生，饒有興味。作者將硯石上層之黃膘精雕為四位卓爾不群的英雄人物，人馬合一，浴血奮戰，塵土飛揚。整個畫面既『得勢』、『得性』，且又『得韵』、『得境』，人物形象鮮明，營造的境界極富個性。

誰能說，它衹是重復一段古往的歷史趣事，衹是記錄一段歷史故事中的精彩一幕，其實分明是在通過生命真實的叩問來求索中國藝術的獨特追求——境界的營造。

硯名　花　生
石品　苴卻石
制硯　劉開君
規格　19cm×22cm×3cm

《春回大地》局部

沉秀空靈　春回大地

剪下一枚春景清韵，綴成一幅斑斕的春情，送上一段飄逸的人生。硯雕師劉曉軍的刀筆，把我和讀者的情感淋漓盡致地渲染。山浴水，水依山，那大寫意的春景，輕風裏吟唱着謡曲，霞輝裏彈撥着琴弦，好一幕春回大地的風情，好一闋春情蕩漾的春曲。

這方硯石，石品花紋極其豐富，綠膘、玉帶綠膘、金綫、石眼、樹化紋、金暈等，質地瑩潤、細膩，它在硯雕師之刀筆下摇曳多姿。它因材施藝而出彩，它因彩造形而詩飾；它生氣盎然、回歸自然的生活景象與高風絕塵，渾然真樸的藝術概括，讓作品煥發出了一種『沉秀空靈』的藝術真性。

總之，這方硯是一個個意象叠加而成，具有中國文化獨有的氣質、精神和韵味，具有渾重的意蘊、內涵。它奉行的是有序與無序融合的藝術邏輯，呈現的是『結構中別有靈氣，渲染中別有脱灑，所以得平淡天真之妙』的藝術生命。

硯名　三英戰呂布
石品　苴卻石
制硯　劉開君
規格　56cm×27cm×3cm

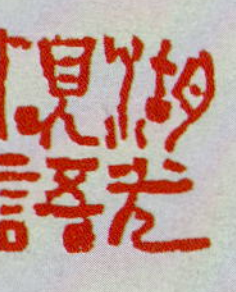

竹銜風采　肖朝德

銀箏聲聲　秋夜曲深

邂逅一首好詞，如同春之暮野，邂逅一個故友，眼波流轉，微笑蔓延，黯然心動。邂逅一方好硯，如同在秋之月夜，邂逅一位知己，溪畔暢談，吟詩作對，品茗相擁。近讀硯雕師高曉莉之《秋夜曲》硯，我仿如沐浴着秋夜融融的月光，尋找到了一段唐詩宋詞般的典雅生活。

『銀箏夜久殷勤弄，心怯空房不思歸。桂魂初生秋霞微，輕羅已薄未更衣。』這首詩活脱脱地凸現出硯雕師刀筆語言的犀利，讀之給了讀者一種暢酣淋漓的藝術享受。讀這方硯，説實在話，讀者須煮上一壺月光，幾兩荷風，慢慢品味，如品味那已遠去的釅茶般故事。

今夜，我依舊品讀這方硯，和硯上由硯雕師雕刻的一簾風景相依、對唔。此刻，我真的願枕硯入夢，輕易躲過塵世紛繁，行遍塞北江南，與流水一樣自由倘佯。

硯名　春回大地
石品　苴卻石
制硯　劉曉軍
規格　90cm×30cm×4cm

人間重晚晴　楊昌林

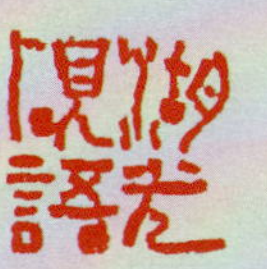

古樸蒼涼　渾然天成

『山隨平野盡，江入大荒流。』這是詩人李白眼中的山水；『江流天地外，山色有無中。』這是詩人王維眼中的山水；『吳楚東南坼，乾坤日夜浮。』這是詩人杜甫眼中的山水。那麼，硯雕藝術家眼中的山水，他應有什麼樣的感悟？許是『猛風吹倒天門山，白浪高于瓦宮閣』，許是『東臨碣石，以觀滄海，秋風蕭瑟，洪波涌起』……

我讀《觀滄海》這方石硯，心真的被硯雕藝術家那人與自然和諧交融、物我兩忘的審美求索所深深打動，腦海不禁浮起建安十二年（公元二〇七年）曹操徵討東北烏桓，在掃清袁尚、袁熙之後率領軍隊走到大海邊，東臨碣石山，寫下《觀滄海》的情境。這方硯渾然天成，從容大度。它既有石紋、綠膘，巧奪天工的藝術呈現賦予了讀者想象的空間；又有硯雕家謀篇布局、卓爾不群的藝術創造感染讀者賞析的體認。

這方硯石面上起伏不平的紋理不正似怒濤洶涌的大海麼？硯石左下部突兀而起的綠膘恍若人形，寬袍大袖、遥望滄海，那衣袍是否正浴風呼呼作響？如此遥遠深邃、古樸蒼涼、大氣磅礴的硯石，被硯雕藝術家找到了人的生命的坐標，讓其藝術生命擁有了一種氣度、一種夢想、一種壯美。

硯名　秋夜曲
石品　苴卻石
制硯　高曉莉
規格　68cm×38cm×5cm

《古蜀頌》局部

古蜀頌歌　氣勢恢宏

古蜀文化，博大精深。一方硯雕作品如何淋漓盡致地展現古蜀人文景觀，這是一件難上加難的事情。然而，硯雕藝術家張健、張曉駿却以自己的一方《古蜀頌》硯，繪聲繪色地再現了古蜀文化的蘊藏，它『不立文字』，却『直指人心』。

這方硯采用苴却石品雕刻而成，硯雕師將石品之上的如雲似烟的綠膘、金暈，進行了巧妙的藝術處理，以分布在石面上的綠膘俏雕為雲烟，以金暈順勢而為地幻化為騰飛的漢龍、展翅的鳳凰、盛開的紅梅及裊裊飄蕩的光霧，從而構成了一幅神秘壯觀的場景。接着硯雕師又利用硯石下層碧綠潔淨的膘石，又活脱脱地雕刻出活躍于巴蜀大地古代各時期代表人物，如指揮修渠築堰的李冰、潛心修行的老子、扶琴放歌的司馬相如、燈下伏案的諸葛孔明、傲視天下的武則天、取經參佛的玄奘、吟詩作對的李白、薛濤、蘇軾、李清照等。這些穿插分布于硯堂左右的山水、人物，與金暈的雕刻圖案融如一體，生動和諧，意趣深遠。

這是一件構思獨特、精警動人、人石合一、雕琢精致、氣勢恢宏的硯壇精品。它，淋漓盡致地展現了雋永悠長的古蜀文化，不失于古蜀文化的一曲頌歌！

硯名　觀滄海
石品　苴卻石
規格　48cm×22cm×3.5cm
收藏　硯　湖

惜春圖（兩幅）　尹大德

鴻雁傳書　詩情畫意

近讀趙佶，衹是《燕山亭·北行見杏花》中『和夢也，新來不做』這一句，便讓自己頓感他有種不可言喻的悲傷。一個落魄的帝王，怎會有如此哀入骨髓的絕望。他説，原以為遠離故國，千里關山，至少還可以在夢裏重見。可是近來，連夢也做不了，哪怕是一個易碎的夢，也伸手抓不住它的影子。這是一種凄切的意境。同樣，硯雕師張健匠心獨運的《鴻雁傳書》硯，亦和趙佶《燕山亭·北行見杏花》之詞有着异曲同工之妙。

『鴻雁傳書』，自古以來就是一個深情動人、家喻戶曉的典故。這凄艷的故事在硯雕師的刀筆下幻化為了淺浮雕的藝術表現，它活靈活現、栩栩如生地重塑了此典故的情境：山青水碧，翠竹摇摇，明月當空，鴻雁傳書，此情此景，真的如詩如畫。

我一直深信，每一個藝術家生命深處都蟄伏着詩意，硯雕師張健生命年華的浪漫，就在其《鴻雁傳書》的硯作中悄然摇曳着……

硯名　古蜀頌
石品　苴卻石
創意　張竣山
設計　張竣山
雕刻　張健　張曉駿
規格　97cm×42cm×9cm
收藏　硯湖

家山掠影　王軍英

樸素耐讀　洪福高照

淡泊名利、清淨無為的莊子，功成身退、泛舟五湖的範蠡，不事王侯、耕釣富春山的嚴光，采菊東籬、悠然南山的陶潛，以梅為妻、以鶴為子的林和靖，與我收藏到的《洪福高照》這方硯，有着同樣的心境。

這方硯橢圓型，色彩瑰麗，紫紅上覆藍紫，藍紫中竟然隱約可見一『福』字。這『福』仿佛書家以大寫意的藝術手法表現其內涵，筆力、內蘊皆為獨到、上乘，感情、個性皆能躍然紙上。收藏到這方硯，我收藏到了泪眼朦朧的感動，收藏到了安適祥和的祝福。

這方硯石，在硯雕藝術家張加龍的手中活了起來，那『福』字倏忽萬變而又潛氣內轉，圓潤通透而又布滿禪意。特別令人稱道的是硯雕藝術家在硯之右上方雕刻一蝙蝠，婉約曲折地隱喻福氣臨門……

它不禁令人深深思悟：人生很窄，得失祇是方寸之間；人生很寬，成敗猶在千里之外。祇要你不離不弃，祇要你碧波泛舟、逐浪奮進，你就會看到自己人生那段『福』之璀璨風景……

硯名　鴻雁傳書
石品　苴卻石
制硯　張　健
規格　21cm×12.5cm×3cm

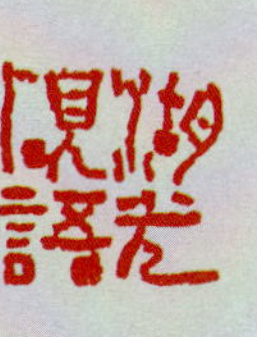

蔬香真味郁　李國生

赤子情結　苦盡甘來

民以食為天，瓜果菜蔬平凡至極，然誰人能倏忽可離？一個真正的藝術家，其根應深植于這平凡至極的赤子土壤裏。赤子的心懷，在硯雕師的刀筆下便幻化為『苦瓜』的意象，一個象徵性的意象。它，栩栩如生地再現物象，惟妙惟肖地坦露出一個『赤子』苦盡甘來泥土般結實的情結。

這方苴却硯石品花紋為黃膘，通體沉着的黃膘上衹有少量由黃膘過渡成的綠鏢。硯雕師由表及裏，為硯石注入了一脈藝術生命的清流，他將其精心雕琢成苦瓜上的莖葉，并展示出由黃到綠的寓意和由成熟到新生的演變過程，豈不正是『苦盡甘來』的人生命意麼？藝術家把苦瓜作為載體，用赤子的情懷以刀筆來抒寫一種人生深重的體悟，真的令人心中生出深深的敬慕。

這方硯的藝術價值是『有有我之境，有無我之境』，能以我的主觀情感來觀物象，又能以客觀物象來悟心境，它物我兩忘，含道飛舞。讀之，能令賞析者達到一種最暢然的生命呈現。

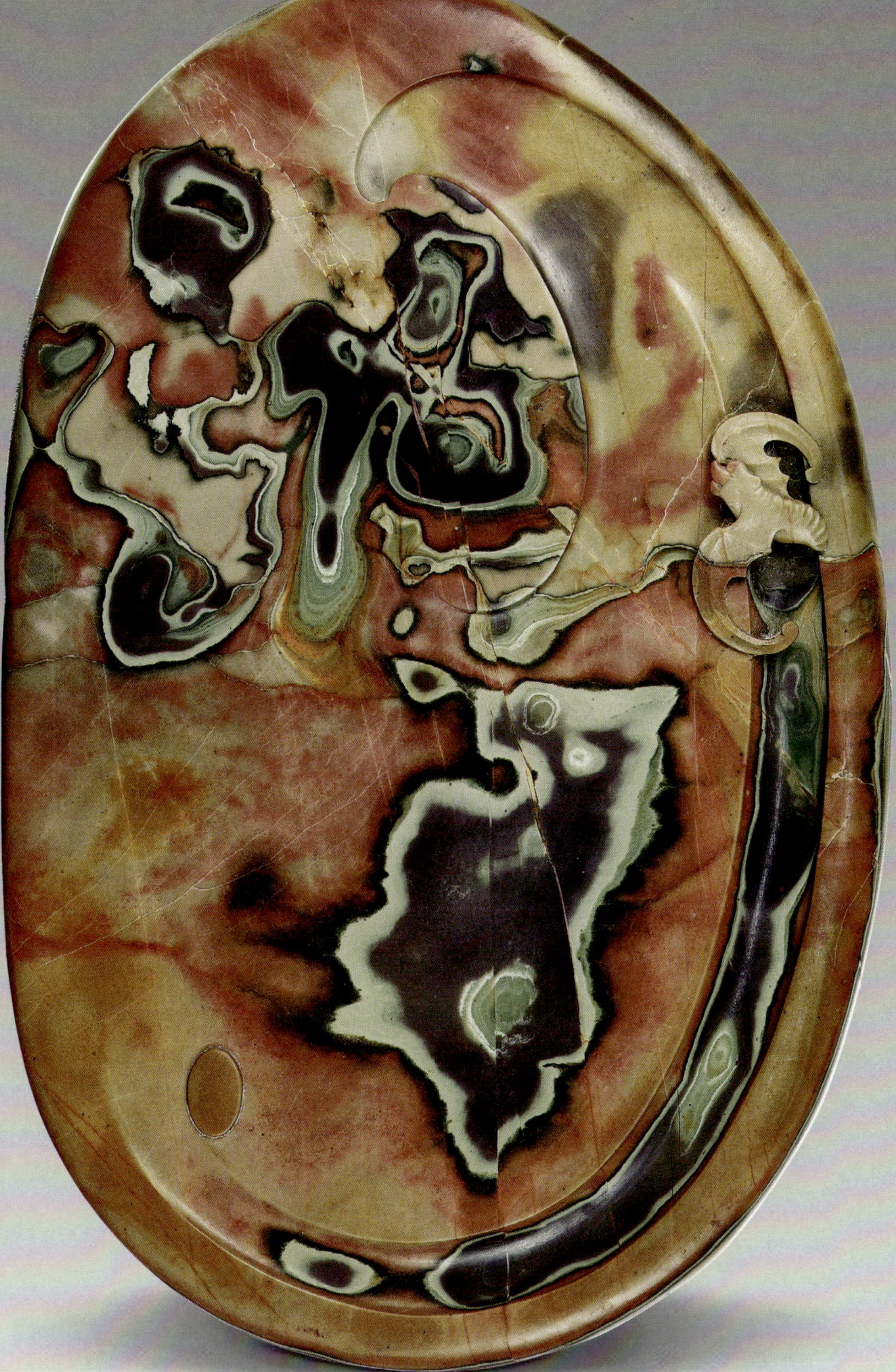

硯名　洪福高照
石品　苴卻石
雕刻　張加龍
規格　33cm×22cm×4.8cm
收藏　硯湖

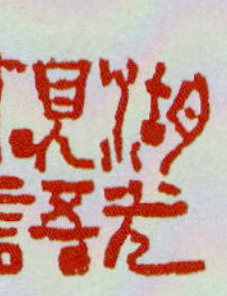

香格裏拉之歌　李　兵

時代縮影　再現歷史

敦煌，位于河西走廊之最西端，地處甘肅青海、新疆三省（區）交匯處。它，古為中國通往西域、中亞和歐洲的交通要道——絲綢之路。這裏，因其曾擁有的商貿繁榮和博大精深的文化內涵而輝煌于世。特別是其以『敦煌石窟』、『敦煌壁畫』名聞遐邇的文化風景綫，成為中國的歷史文化名城。由硯雕師張健創意、設計，方立清制作的《敦煌》硯，便再現出了敦煌斑駁的歷史，時代的縮影。

這方苴却硯石品花紋异常豐富，色彩絢麗多姿，硯面上秀勁流暢的綫條與硯臺石品的花紋交相輝映，更加煥發了藝術家的情感寄托，一幅神采飛揚的白描躍然硯上。『流光容易把人拋，紅了櫻桃，綠了芭蕉。』在逝水流光的歲月耕耘中，硯雕師在看似不經意間落筆起稿，并以簡淨的刀筆，創造出了個性鮮明、呼欲之欲出的『敦煌壁畫』人物形象。敦煌壁畫素有『牆上博物館』之美譽，然經歲月的磨損，它會行將消失。將此國寶精心雕刻于硯上，焉不正是延伸國寶的生命！

滿壁風動，天衣飛揚。從這方硯再現敦煌壁畫的藝術再創造中，我們會清晰地窺見中國壯觀的歷史與輝煌的文化遺存，它將脈脈涌入人們的心靈，讓我們的心像春水一樣豐盈、潤澤。

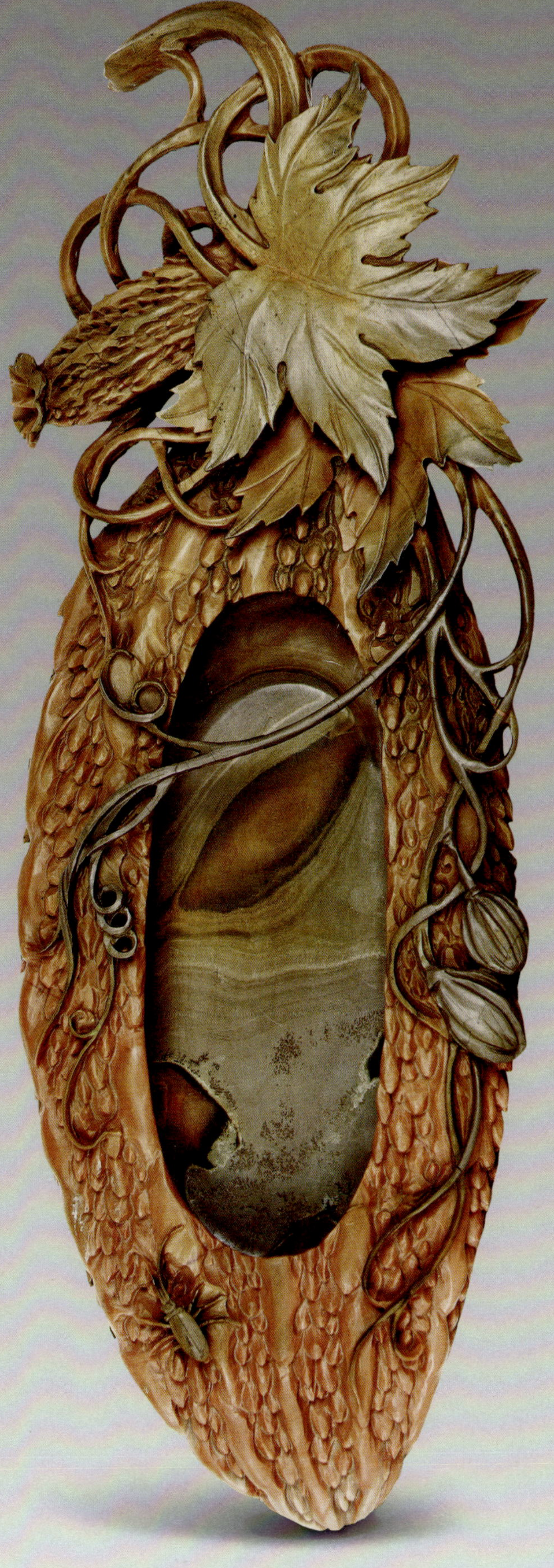

硯名　苦盡甘來
石品　苴卻石
規格　39cm×13cm×4cm
收藏　硯　湖

迎春圖（兩幅） 尹大德

刪繁就簡　紅絲逸光

南田說他作畫，要使賞析者有『叫』的狂喜，要使古人用『活』的念頭。他說：『銅檠燃炬，放筆為此，直欲喚醒古人。』這是何等氣魄！與張融所說的『不恨臣無二王法，恨二王無臣法』同一機杼。他就像禪宗的靈雲一樣，自從一見桃花後，直至如今更不疑。他要在自己的靈魂洗滌中，發現『溪澗桃花便于象外』的境界。他在一則《題雪中月季》畫跋中如是云：『冰鱗玉柯，危于凝碧，真歲寒之麗姿，絕塵之畸客，吾將從之與元化游，蓋亦挺其高標，無慚皎潔矣。』小小一朵月季花，使他動了『與元化游』的心思，其妙何在？妙在花香之外也。

硯雕藝術大師劉克唐之紅絲《抄手硯》，此硯樣式為宋代抄手硯，它造型雖簡潔，實乃極其考究硯雕師功力，惟功力精湛的刀法果敢精準，方能去繁存簡，既保證綫條的流暢性，又能從其藝術匠心中悄然浮出一種『不愁明月盡，自有暗香來』的境界。克唐先生此硯心因石而弄影，情因石而送香，其藝術魅力盤旋于衆香之界，無疑寄托着自己的芳思。它，能讓賞者有倏然的感動，暢然的高蹈，生命深層一種真的體悟。

此方以黑山老坑紅絲石雕刻的硯，清幽中有熱烈，幽深中有逸光。

硯名　敦煌
石品　苴卻石
創意　張健
設計　張健
雕刻　方立清
規格　68cm×53cm×6.5cm
收藏　硯湖

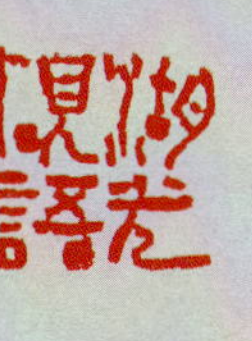

《深山訪友圖》局部

古剎晨曦　深山訪友

在遙遠的春秋時代，有一段《高山》《流水》覓知音的故事，被世代傳為佳話美談。琴師伯牙奉晉王之命出使楚國，中秋之日，他乘船來到漢陽漢口，泊船歇息。是夜，風浪平息，雲開月出，他撫琴獨奏。恰逢打柴晚歸的鍾子期，被其琴聲吸引，不忍離去。子期聽懂了伯牙琴聲裏高山之氣勢，流水之柔情，二人結為知己。

這《古剎晨曦》《深山訪友圖》對硯，硯雕師的藝術創造有着晉時嵇康《琴賦》的從容不迫，有着諸葛亮巧設空城計的沉着悠閑。賞析對硯，讀者窺出：對硯由一塊硯石剖開為二。其一半硯石樹化石紋呈三種顏色，一近似艷陽高懸，層林盡染；一近似樓臺亭閣，曲徑通幽；一近似深山古剎，鐘聲幽厚。另一半硯石却頗富『莫道深山藏古剎，自有知音訪友來』的詩境，硯雕師刀筆刻出一座小橋，一斜抱古琴之高士，後有垂髫童子相隨，欲渡小橋步入叢林深處……

這對硯由張竣山設計，張健制硯。它以小見大，有着『一幽雅、一豪放、一精致、一宏闊』的藝術風尚，有着中國藝術見微知著的智慧。

硯名　抄手硯
石品　青州黑山老坑紅絲石
制硯　劉克唐
規格　12cm×19m×6cm
收藏　硯湖

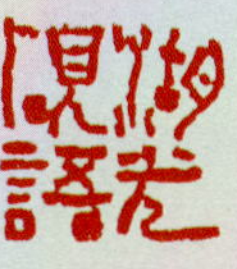

壟上牧趣　李國生

問喘識艱　故鄉嬉牛

我的故鄉在那無人知曉的野山，一任歲月老去！惟有鄉情似野花挂滿枝頭，回想自己沉重的心事，那兒時景象酷似屋舍旁的山樹，也在風中自吟自唱。故鄉的日子比老牛拉車還慢，我的童年和牛常來常往，用不着招呼，可那裏的太陽起得最早，陽光裏童年牧牛的日子最燦爛。我收藏的《嬉牛圖》硯，使我憶起家山，家山有太陽、有牛，也有我和牛一樣的耕耘與性格。

這方硯石，碧玉般的綠膘潭水般清澈，深綠色彩綫水波般輕盈，硯雕師刀筆下悠然汲水的群牛神情逼現，它讓我們賞析者沐浴着醉人的鄉風，也在腦海深處悄悄然浮起了乾隆皇帝的詩句：『一牛絡首四牛閑，弘景高情想象間，詆訿詎為誇曲肖，要因問喘識民艱。』

這是一幅平凡的畫面，這是一方平凡的石硯。它，『一勺水亦有曲處，一片石亦有深處』。它，是既描摩自然物象、又表達心靈的藝術呈現。

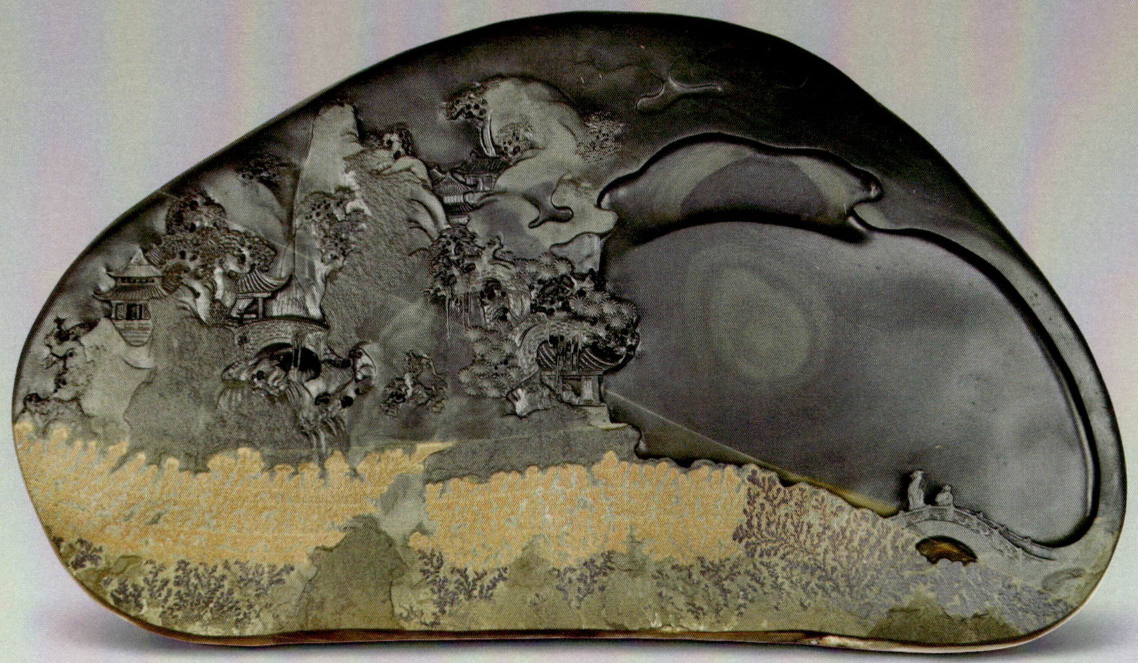

硯名　古剎晨曦/深山訪友圖（對硯）
石品　苴卻石
設計　張竣山
雕刻　張　健
規格　46cm×27cm×3.8cm

《開天闢地》局部

守候大荒　開天辟地

在藝術領域，一個真正的藝術家的作品。并非都能立即引起讀者的贊賞，而硯雕藝術家張曉駿之《開天辟地》苴却硯，其造境却有着一種君臨世界的包涵大千的氣度。它是硯雕師用東方式的寫意方法創作的一件硯壇精品！

此方硯，石品花紋异常豐富，黄膘、玉帶綠膘、金綫等五彩斑斕，硯雕藝術家將中間黄膘精雕成盤古這一人物，雕工細如發絲又恰到好處；而硯堂和硯眉，處理手法却大刀闊斧，硯雕師在極大程度上保留硯石肌理外，精細、粗曠緊密融合，從而使硯作對比強烈，酣暢淋漓。

讀這方硯，其造型表面似流動着光彩，而其意蘊深層却涌動着濃重沉厚的精神內涵。硯雕師的這種藝術踐行，無疑會讓我們尊敬與贊美！

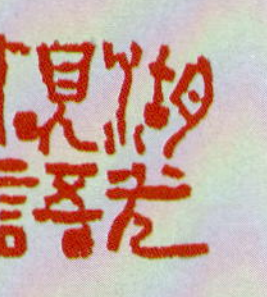

硯名　嬉牛圖
石品　苴卻石
規格　71cm×41cm×8cm
收藏　肖文祥

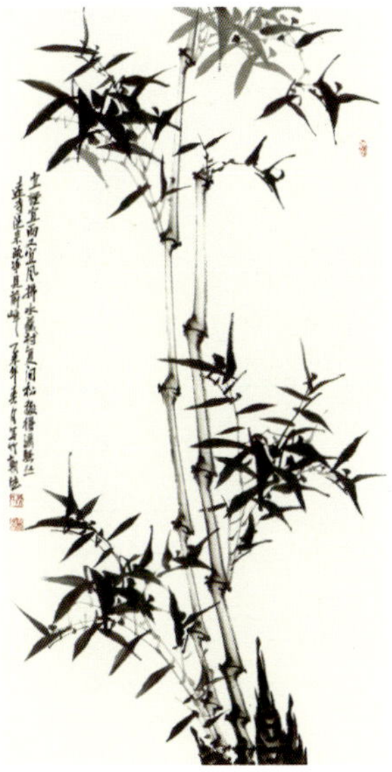

竹品疏浄　肖朝德

梅蘭竹菊　問道寄情

一窗雪花，幾支寒梅，塵世的清苦與榮華，都被關在門外。有人如是感悟：人情有如紅梅白雪，世事不過淨水清風，人應像梅一樣在風塵中修煉，看盡繁榮變遷，風骨依然。

空谷幽蘭，如隱士高人，但聞其香，不見其身。于我眼中，蘭蕙最清雅，是最平凡的草木。她有冷傲姿態，衹留醉人芳芬。翠竹獨姿于庭院，靜處于山林，由來不懼四季更迭，歲月相催，光陰遲暮，流年推杯換盞，竹從遥遠的秦漢、魏晉飄然而來，一襲翠衣，不改清俊風骨。寒菊，恬淡素淨，或在霜降的清秋，或在黃昏的籬院，都在靜靜地生長。一瓣心香，幾段心事，從不與人訴説。而千百年來，多少文人墨客，都將之引為知己。

這『梅、蘭、竹、菊』四君子，被匠心獨運的硯雕藝術家張龍根據不同石品創作出了一套把玩小硯。他刀筆寫梅——探波傲霜，塑高潔志士魂；寫蘭——深谷幽香，暢世上賢之達風；寫竹——清雅淡泊，寄托謙謙君子志；寫菊——凌霜飄逸，抒世外隱士情。

這組《梅蘭竹菊》硯，直將人生問到無言。

硯名　開天辟地
石品　苴卻石
創意　張跋山
設計　張跋山
雕刻　張曉駿
銘文　張　健
刊銘　張　健
規格　31cm×69cm×17cm
收藏　硯　湖

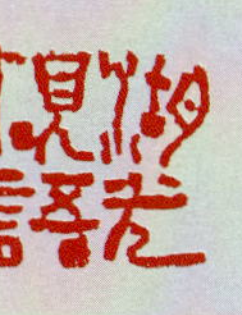

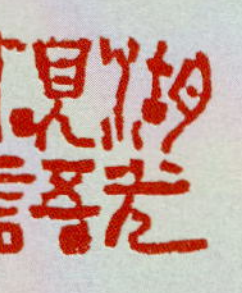

一身正氣滌塵埃　李　兵

故鄉神犬　鮮活生動

我應該在微風清晨，讀這方硯臺的故事，才不會忘却那對兒時山野的眷戀之情。每每借着流光的影子，一路尋找，途中無論有多少次轉彎，都不會走岔。我記得兒時山野五爺家的那衹和善且凶猛的狗，是它在狼嘴裏救出了五爺的孫子。

今讀硯雕藝術家愈飛鵬之《神犬》硯，我被硯雕師刀筆優美精妙，風格鮮活生動的藝術表現所深深折服。硯雕師刀筆活而深，絕非草率之筆，是其修養的沉澱，心靈的剖白，情感的流露。這是一方平平常常的硯石，石上之石眼被硯雕師雕刻成了犬的眼睛，其構思之精巧，表達之完美，景象之嚴謹，刀筆之老辣，真的使人百讀不厭，心有深悟。

可愛的神犬，看似平靜、普通，然却是藝術家用

硯名　梅蘭竹菊
石品　苴卻石
雕刻　張　龍
規格　5.5cm×8cm×2cm

《思春》局部

梨花帶雨　雲想衣裳

在《人間詞話》那片被王國維躬耕過的藝術熱土上，生長着無數藝術家，也茂盛着中國硯壇衆多的硯雕藝術品佳作成功誕生的源頭。《思春》便是硯雕藝術家張洪海的一方凝煉、簡淨、含蓄、詩性的硯中極品！

這方硯石材取自一方帶綠絲的極品胭脂凍石。藝術家順其紋理，刀筆淺刻兩位肌膚細膩溫潤的懷春少女，低頭沉吟。古人云：『女子傷春，男子悲秋。』惟妙惟肖地描摹了春日融融，鶯歌燕舞之際少女心中春情漾動的情境。它似知曉前生今生、通靈性的琴，復活了一種世情，復活了一則故事，譜就了一曲歌謠，真的令人拍案叫絕。

這方《思春》硯，真切而又細膩婉約地再現了少女春日思春的渴望與無奈。神來之筆是藝術家把一種春情難遣之感悟，寄托于天上的小鳥，渴望少女思春的心境有如小鳥放飛……此情此境，藝術家在一種詩的意象中徜徉，讀之令人心生溫情與敬意。

硯名　神犬
石品　苴卻石
雕刻　愈飛鵬
規格　30cm×19cm×3.5cm

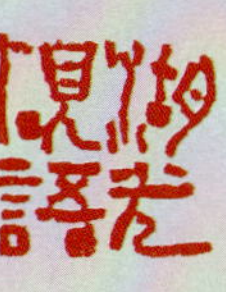

荷塘蛙聲　李國生

安閑自然　瀟灑不群

『風不定，人初靜，明日落紅應滿徑。』這是宋人張先之詞。每逢暮春，我總會將這動人之句，讀上幾遍，有如餐食花瓣，滿口噙香。踏遍落紅，驚覺有一種植物，已經近得令我呼吸相聞。它有一個靜美的名字，叫蓮，亦叫荷。它的清麗出塵，冰潔玉質，令人歡喜到不敢相思。是的，一朵自然清雅的蓮，翩然淺笑，開得恰到好處，晶瑩含露，潔淨得似乎無關歲月風塵，不染紅塵烟火。『予獨愛蓮之出淤泥而不染，濯清蓮而不妖，中通外直，不蔓不枝，香遠益清，亭亭淨植，可遠觀而不可褻玩焉。』宋人周敦頤的名篇如是云。

《留得殘荷聽雨聲》這方苴却硯，硯雕藝術家借硯石最上層深藍之石皮幻化為池塘邊幾片枯黃的殘荷，又將內紅色藕粉凍雕刻成三衹青蛙從一泓清水中歡跳而出，攪得滿池塘靜靜的水恰如秋雨敲打殘荷之美妙歌聲……藝術家以『樸實古雅去虛華，寧靜致遠隱沉毅』的藝術格調和詩化的雕刻語言，旨在提煉出一種純美、空靈、縹緲的意境，令人讀之，悠然神往。

這是一方不可多得的默默滋養人們精神生命之神的佳作，一方怡然、和悅、從容、適意的有着一種『安閑自然之景象、瀟灑不群之天趣』的作品。

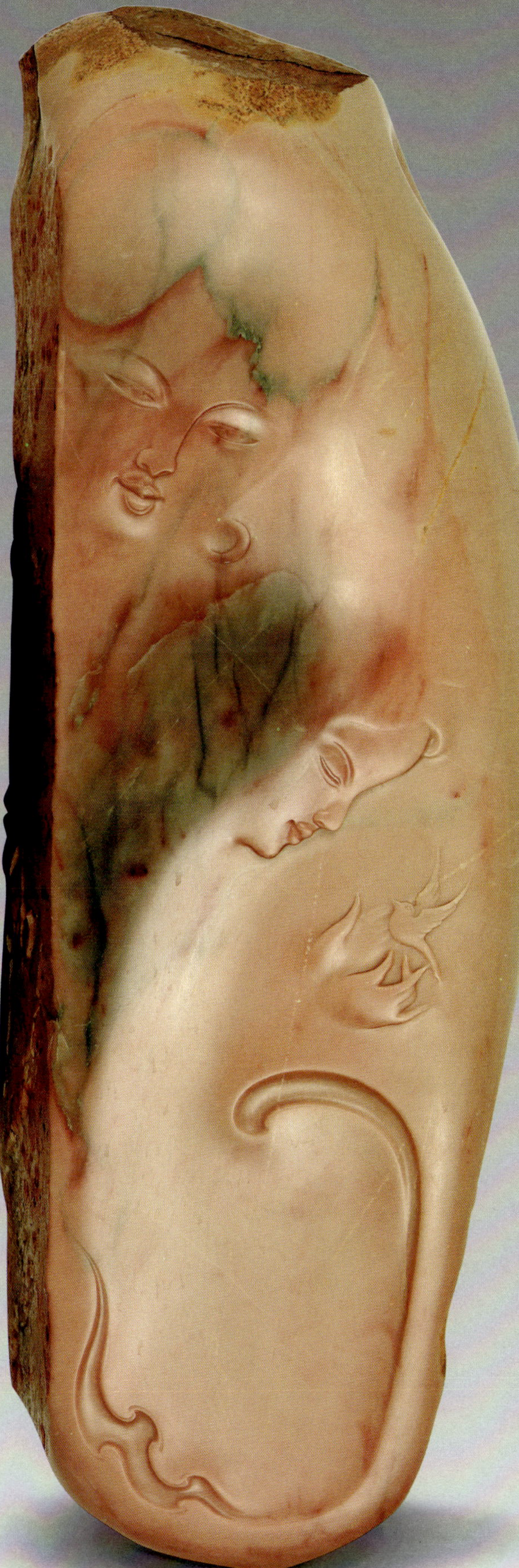

硯名　思　春
石品　苴卻石
制硯　張洪海
規格　60cm×16cm×10cm
收藏　硯　湖

溪幽春行早　李國生

平中求奇　出神入化

藝術終究是藝術。我讀過許地山先生的《落花生》，他入木三分且十分質樸地講：『花生的氣味很美』，『花生可以制油』，『可以用賤價買它來吃』……着眼點無非是花生的實用價值。祇有藝術家才看得深，把握了它的內部特質：它不喜歡顯示自己的成就，『不像那好看的蘋果、桃子、石榴，把它們的果殼懸在枝上』，『花生祇把果子埋在地底，等到成熟，才容人把它挖出來』。由硯雕師張曉駿雕刻的《春蠶》這方硯，便是這樣不顯山露水的真正稱得上藝術的創作。

你看，蠶寶寶大快朵頤，把桑葉吃出了大大小小的許多小洞，那憨態可掬。難能可貴的是硯雕師之刀筆出神入化，由無法大，到刻意追求小，活靈活現、栩栩如生地將那些細小的石眼雕刻成蠶蟲的眼睛，頓時讓蠶蟲長了精神，賦予了活潑潑的生命力！

堅硬的石頭會説話，會説出柔情四溢的話。硯雕藝術家刀下之堅硬的硯臺，竟然變成了柔韌的竹籮與籮中的桑葉、蠶蟲……多麼傳神，多麼出彩，多麼令賞析者讀之意猶未盡。

硯名　留得殘荷聽雨聲
石品　苴卻石
規格　32cm×27cm×3cm
收藏　硯　湖

硯名　春　蠶
石品　苴卻石
雕刻　張曉駿
規格　40cm×23cm×3cm
收藏　張竣山

銀嶺朝暉　李　兵

靈龜凸現　意喻長壽

《禮記·禮運》云：『何謂四靈，麟鳳龍龜，謂之四靈。』以龜喻壽，從古至今。寄喻于古調，以龜訴説心中期盼，硯雕藝術家張竣山（設計）、劉開君（制作）之《長壽硯》，其雕刻藝術的意蘊與妙處感染了衆多讀者，它由此而榮獲二〇〇五年中國『金鳳凰』原創旅游品、工藝品設計大獎賽『設計創新獎銀獎』。

這方硯取意于《述异記》所載『龜一千年生毛，壽五千歲謂之神龜，壽一萬年曰靈龜』與《抱樸子·論仙》載『謂生必死，而龜鶴長壽焉。知龜鶴之遐壽，故效其引導以增年』之深蘊，以其龜伸頭露尾、色形逼真、蹣跚前行的藝術概括而成，其硯石色古銅，塵泥之上栩栩如生地俯伏着兩衹長壽龜，意境飽滿渾深。

這是一方普通而卓越的硯品，也是一方能撼動讀者心靈的藝術品。

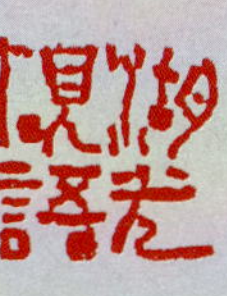

硯名　長壽硯
石品　苴卻石
設計　張竣山
雕刻　劉開君
規格　37cm×21cm×4.8cm
收藏　硯　湖

《茶馬古道》局部

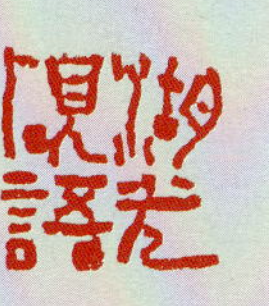

情溢邊山　茶馬古道

仿佛就是昨天。風起雲涌，古道上走來多少英雄豪杰。司馬相如不懼艱險，奉漢武帝之命涉不毛之地，招撫邛、筰部落，打道靈關道，祭茶馬古道千古之偉業；公元前一百一十一年，司馬遷『奉使西徵巴蜀以南，南略邛、筰、昆明』，安撫西南夷，并在《史記》中專列《西南夷列傳》，詳細記述巴蜀以南之民俗風情、奇麗風光；碧眼金發的馬可波羅，相距千年後受元世祖忽必烈之托，出靈關道至西昌抵雲南，成為歐洲第一個踏上茶馬古道的人。以硯藝術描述茶馬古道這條神奇的通天之路，這是硯雕藝術家張健、劉曉軍的成功嘗試。

硯雕師之《茶馬古道》硯，不是取材于古，而是取材于今，其刀筆下有崇山峻嶺，有波光艷影，有虹橋飛架，有房舍鱗次櫛比，有風光絢麗多姿……其美侖美奐的藝術構思與精湛絕妙的藝術技巧令人嘆為觀止。

大山危岩絕壁，深谷雲霧雪峰，一方《茶馬古道》硯，一首謳歌茶馬古道的輝煌的詩篇！

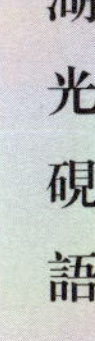

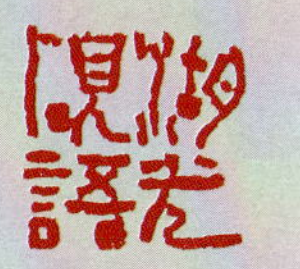

我近青山續篇　孟　夏

緬邈無際　星空有魂

記憶中，兒時居于山村。酷暑，每每夜幕降臨，籬笆修築的院中央，全家人總是圍坐于石桌旁，在父母的家常話裏，我總是細細地端詳着浩瀚的星空，在心頭一顆顆地細數着，直至在流星裏悄然入睡。硯雕師俞飛鵬之《星空》硯，那藝術作品中亦真亦幻，讓人浮想聯翩的星空聖境，竟又一次拽我走入兒時的回憶。

如若可以，我真的想又年輕一回，重新走進那兒時故鄉的山村小院，在夜深人靜之際，再細數一回那漫天的星辰。硯雕師之《星空》硯，借一方帶有彩帶的酷似漫天星鬥的石品，展開了自己的藝術想象，用簡練且又明白如話的藝術手法，以刀筆向讀者復歸了一幅《星空》圖。它，能讓人枕着回憶而眠，有一種心靈洗淨鉛華的韵味。

從這方鬼斧神工的硯石上，硯雕藝術家為我們創造了群星璀璨的勝景。讀此硯，我們既窺見了硯雕師之古典精神的復歸，又深悟出他象徵主義藝術探求的成功勞作。這是一方彰顯着中國文化品位，搖曳着藝術張力的優秀之作。

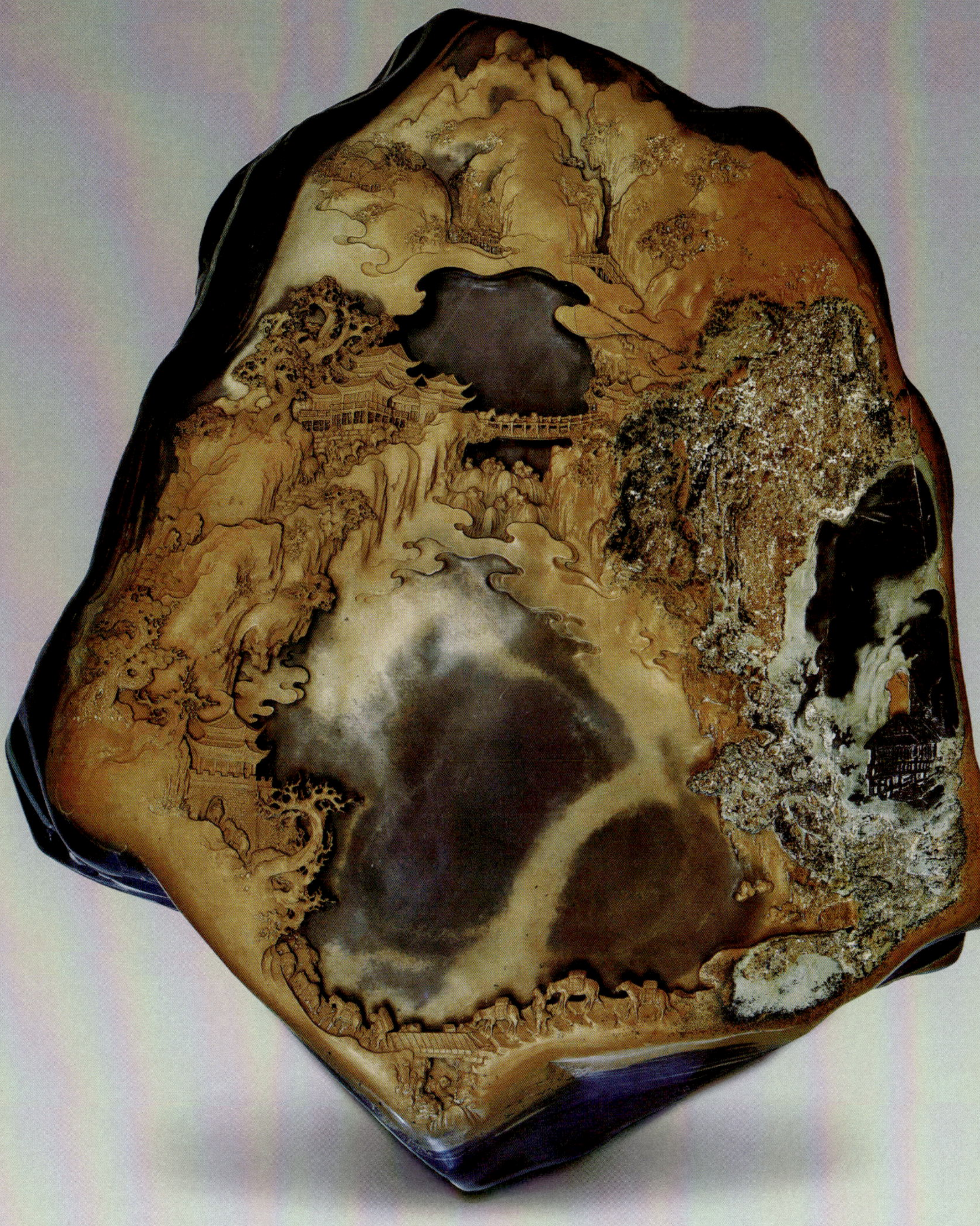

硯名　茶馬古道
石品　苴卻石
設計　張跛山
雕刻　張 健　劉曉軍
規格　53cm×63cm×10.5cm
收藏　硯 湖

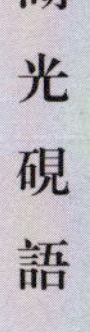

硯名　星　空
石品　苴卻石
制硯　兪飛鵬
規格　30cm×20cm×3.5cm
收藏　硯　湖

紅梅初曉　清歡難尋

硯雕藝術家的雕刀可以描繪秀美山川，可以懷念田園牧歌，可以贊美至愛至親，可以展示個人生活情調。可以有溫婉、細膩、淡雅、悠揚的至美，也可以有宏大、深沉、莊嚴、凝重的壯美，從而構築千姿百態的硯藝術文化世界。由張竣山設計、張健雕刻的這方《紅梅初曉》硯，它凝集着藝術家的心血，正淋灕盡致地從一個側面展示了硯雕藝術家心靈世界與藝術追求。

這方硯是不可多得一方石中珍品，大自然鬼斧神工的神奇賦予了它胭脂凍、火捺、彩綫、碧雲凍、綠膘等天生麗質。為了增添這些外在之『天生麗質』，硯雕藝術家張竣山先生憑着自己的藝術修養，以詩人的感覺，尋找到了一處適合自己的藝術港灣，他小心翼翼地將硯石表層的碧雲凍雕成積雪猶存的梅竹雙清，將内裏之胭脂凍琢為盛開的梅花，配以硯額如血朝陽與紅梅相映。讀者讀之，不知是朝陽映紅梅花，還是紅梅染紅朝陽？此情此景，惟妙惟肖，栩栩如生，令人嘆為觀之。

『眼前誰識歲寒交，祇有紅梅伴寂寞。朝陽如血景如畫，交相輝映融雪消。』這方硯蘊含着硯雕藝術家的心血，它無疑是在娓娓地訴說，那濃鬱的詩韻祇待有緣人去細細地品味……

梅兆春光　肖朝德

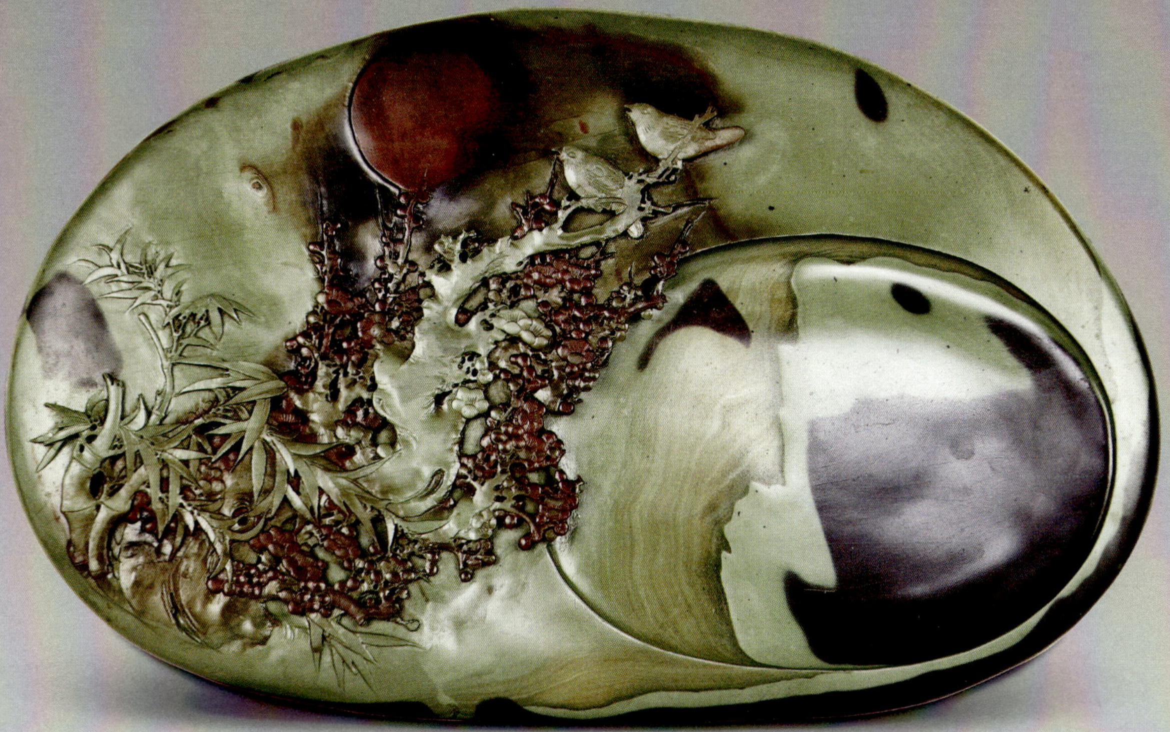

硯名　紅梅初曉
石品　苴卻石
設計　張竣山
雕刻　張　健
規格　41cm×25cm×3cm
收藏　硯　湖

普度衆生　澤潤蓮香

佛教文化，源遠流長；心注一境，澤潤蓮香。佛像繪畫或篆刻是感化人之心靈的藝術，它可使人悟性深邃，智慧升華。畫面純淨、流暢，聖像慈悲、安詳，垂憐衆生的神態在硯雕師張洪海先生的藝術創造中婉然而出觀音聖像的莊嚴。

我讀這方《觀音》硯，既驚嘆于大自然的鬼斧神工，又敬佩于硯雕師的巧奪天工。這方硯石上天然分布着兩條花紋，在藝術家的刀筆下，竟幻化為普度衆生的觀世音聖像，十分搶眼的是那兩條綠色的花紋，活脱脱地幻化出了觀世音身上的斗篷，藝術讓物象生輝——自然合體，惟妙惟肖！

這方硯，乍看似乎沒有什麼新意，僅就是一方觀世音聖像；其實不然，藝術家刀筆之下觀世音手托蓮花，坐擁蓮臺，慈眉善目，真好似一位心底純淨且正在沉思的村姑，安詳慈悲頗具美感。觀世音菩薩化身三十三尊，各有寓意，各臻其境，硯雕師之構圖，以純樸為之。它，搖曳着硯雕師獨具的雕刻藝術語言，亦搖曳着一種提升賞析者性靈的精神光芒。

觀世音菩薩　張躍軍

湖光硯語

我近青山　孟夏

驀然回首　山妹呼出

『窈窕淑女，琴瑟友之。』司馬相如一曲《鳳求凰》，令卓文君與之夤夜私奔，寫下『願得一人心，白首不相離』的詩句。山石似有靈，一方《山妹》苴却硯，便使愛石如痴的硯雕藝術家張洪海清麗脱俗，刀筆靈動，雕刻出了風采俊逸、嫵媚動人的『山妹』形象。

山妹是婉約的，如山前那脈涓涓溪流；山妹是簡淡的，如山坡上那簇艷艷花朵。山妹的故事漾動着，就這樣輕輕地掀開了一簾山鄉的風景。硯雕藝術家張洪海善工人物，此方《山妹》硯雖不脱中國傳統技法，不在雕工上細雕慢琢，然其疏淡簡淨之刀法，大寫意地勾勒出了山妹嫵媚動人的柔情，其中的藴涵令人咀嚼無窮。

君記否，王國維以辛弃疾的詞句來點評藝術：『衆裏尋他千百度，驀然回首，那人却在燈火闌珊處。』我以為，藝術家的靈感到來的偶然性是隱藏着必然性的。硯雕大師此硯之創造，他是尋找到了『靈感』之鑰匙的。壯哉，山妹！美哉，山妹！

硯名　觀音
石品　苴却石
規格　42cm×25cm×11cm

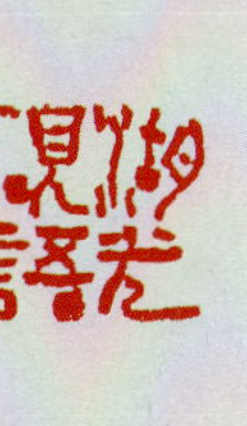

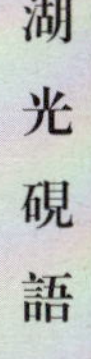

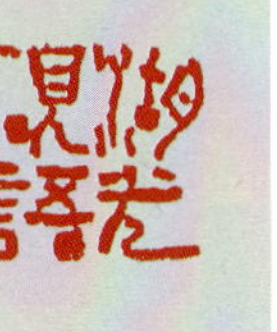

我近青山續篇　孟夏

不雕似雕　天工渾成

真的，世間最有靈性的，莫過于草木山石。我們無需學着如何和它相處，許多時候，它總是安靜地存在，無言却真心，平淡亦有情。每一塊石，都有着一段深邃的過去，當有一天它終于尋到了前世的主人，便會決然入世，任你雕琢賞玩。硯雕藝術家張竣山、張健，巧借一方似通靈性的苴却石的自然紋理，匠心獨具，不事雕琢地對它進行了藝術創造，使其煥發神采，真正擁有了自己獨特的藝術個性與魅力。

從這方硯中我們可以窺出：硯雕藝術家為了彰顯作品的深度，揭示生活物象的真實之美，他總會在自己的藝術創作中充滿對自然物象故事的叙述性想像及詩意精神。此方硯在硯雕師的刀筆下，保留了原石本身的諸多特點，而其藝術創造是點綴、提升整個畫面，令它更顯生動，更富層次感，有一種渾然天成的生命律動的藝術升華。

蟬房花木深，無聲勝有聲；不雕亦似雕，天工渾然成。《蟬房花木深》這方硯，由張竣山設計、張健雕刻，它凝結着藝術家的精神追求。

硯名　山妹
石品　苴却石
制硯　張洪海
規格　10cm×15cm×2cm

秦巴人家　馬安信

峨眉山猴　情濃意深

晚風習習，細雨敲窗。夜雨中的峨眉山一片朦朧迷離，百鳥歸巢，新月挂天。我真的不知道山中還有多少祇靈猴隱藏于這遠方的風景。硯雕藝術家張曉駿之《峨眉山猴》硯，在不經意間落筆，其刀筆在苴却石品的天然水草與自然景象間縱橫，那幅活靈活現的峨眉山猴圖搖曳多姿，令人禁不住嘆服有加。

這方苴却硯由上而下飄逸的水草紋，恍若一簾『明月松間照，清泉石上流』的空靈的圖卷，那嬉鬧頑皮的靈猴在月影裏憨態可掬，硯雕師循着自己的藝術理念擇取了這動人的一幕，為讀者留下了清新淡遠、優雅脱俗、悠然飄逸的藝術享受。李白《峨眉山月歌》有云：『峨眉山月半輪秋，影入平羌江水流。夜發清溪向三峽，思君不見下渝州。』浪漫主義詩人一生仗劍江湖，漂泊天涯，寫盡人間情愛，動人心魄，令人神往。而硯雕師之《峨眉山猴》硯，亦有着李白詩之意趣悠遠、神韵幽幽的意境。

這方硯是藝術家張曉駿將自己胸中的柔情，賦予了自然山水的崇高美感。它，令我們相看不厭，情濃意深。

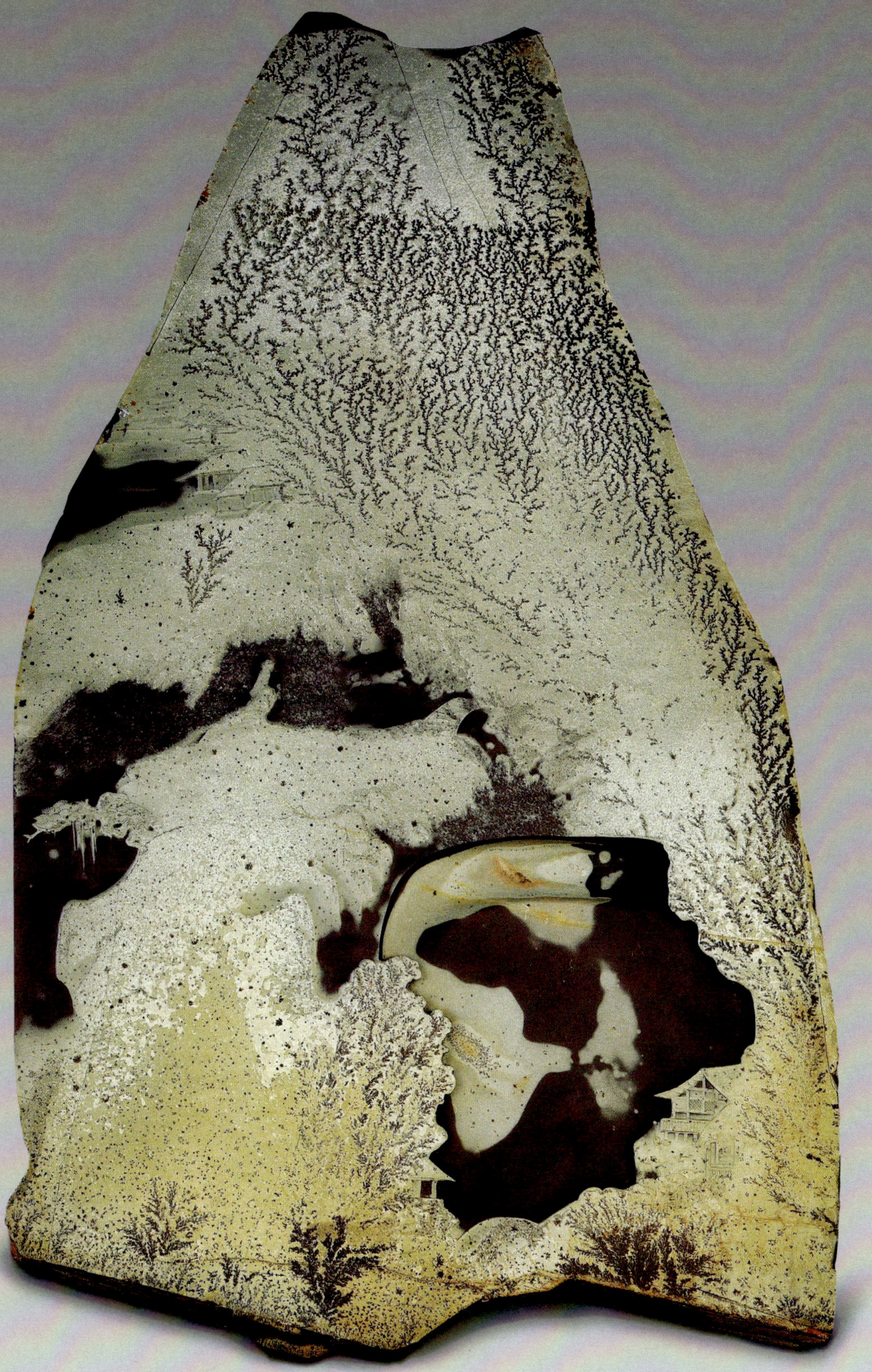

硯名　蟬房花木深
石品　苴卻石
設計　張逡山
雕刻　張　健
規格　35cm×48cm×5cm
收藏　張逡山

春播　尹大德

刀情意趣　筆走雲從

悄悄地，我走進了硯雕師劉開君，走進了他之刀筆所營造的《筆走雲從》硯。靜靜地，我仿若與硯中的老者相遇，做了知交，與他在這古意盎然的山水間攀談。讀硯雕師的此方硯，我從他精妙與虛靈的藝術構思中，讀懂了一個藝術家執著的追求，亦深悟到他此件作品所營造的那種幽遠清曠的山水聖境的意境。

這方硯之構圖，似在工筆與寫意之間，老者、書僮、仙鶴、朝陽、雲彩、山樹等用工筆，而硯石上的火捺、胭脂暈、綠膘以及水藻紋却是處在『似與不似』之間的寫意，硯雕師整件作品元氣淋漓有之，逸興遄飛有之，婉變多姿者有之，讀者讀它，會產生出豐富多彩的藝術想象力。

從這方硯，我還想到了藝術創作『臻于化境』美感的議題。我們說，所謂『化』，意味着化客觀為主觀，為寫心而狀物，其表達方式貴在形簡意賅，以有限的空間表現無限的想象。硯雕師之《筆走雲從》硯，是其着眼于意趣、境趣及刀筆情趣的和諧統一。有了它，方有了此件藝術珍品。

硯名　峨眉山猴
石品　苴卻石
制硯　張曉駿
刊銘　張　健
規格　43cmx28cmx10cm

秋風起浪雁飛（局部）　楊昌林

馬奶酒壺　生命真實

說到底，一個真正的藝術家，應恪守生命的本真；一件真正的藝術作品，應呈現生命的真實。一如中國之山水畫創作，應臻于『雖是山水又不在山水，不在山水又必托于山水』的境界。我讀硯雕藝術家郝延強的《馬奶酒壺》硯，便讀出作者性靈的獨白，亦讀出了自己對藝術創作的若幹體悟。

我們說，藝術創作應是普通的，也是特殊的，是藝術家通過體悟所創造的這一世界是獨一無二的，是有別于他人而體現出自我生命的宇宙。衆所周知，馬奶酒壺是塞上高原放牧人馬背上隨身攜帶的盛裝酒水的器物。馬奶酒壺，是硯雕藝術家二〇一一年在銀川參訓時，從一位陶藝師手中購得；這件陶藝品，觸發了硯雕師的創作靈感，他重新構思，融塞上高原民俗于此賀蘭硯。

這方硯，真實得拙樸，拙樸得靈動，其豐富多姿的藝術升華造就了它的成功誕生。它，是硯雕師矢志傳承、創新中華硯文化精神的藝術實踐，亦堪稱一方硯壇扛鼎之作。

硯名　筆走雲從
石品　苴卻石
雕刻　劉開君
規格　36cm×36cm×1.5cm

歷盡滄桑仍從容　李　兵

活得真實　祈福平安

活得平安，是一種挑戰。生活中每一回對『平安』的履踐，都會令我們不由自主地萌生對自己心靈的感動，『平安』也由此獲得一次痛快的呼吸。而擁有這份『平安』，是多麼的不容易。它，是世人的一句平常話，一種平實的祈盼。

硯雕師羅氏三兄弟之《平安》硯，藝術構思為太瓶狀，飾祥雲紋，精心雕刻出兩祇蝠，諧『福』，作太平福氣之意。特別令人值得稱道的是，硯雕師將兩顆翠綠高潔的石眼飾以蝠背，構圖靈動，層次突出，寓意深刻。

『平安』的寓意就這樣簡單與純粹，它讓我們讀者可以用心靈的自語去撫慰一切繁復的傷痛。活得『平安』，是世人心靈的一種撫慰，是世人祈福的一種亮色。是的，我們祈福平安，就是要活得真實。

硯名　馬奶酒壺
石品　賀蘭山石
制硯　郝延強
規格　19cm×22cm×9cm

硯名　平 安
石品　苴卻石
制硯　羅氏
規格　27cm×25cm×3cm

峻嶺駕雲歡　李　兵

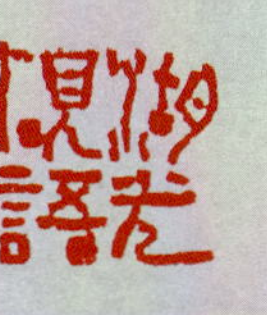

妙造自然　洪福齊天

生活不等于藝術，自然物象也不是藝術。從生活或自然物象到藝術，經歷着認識過程的飛躍。嘗過創作甘苦的人都有如下體會：有時，藝術家有大量的生活積累，眼前物象豐厚，可苦思冥想亦找不到好的構思，在『踏破鐵鞋無覓處』的時候，驀然遇到某種有本質特徵的偶然事物的啟發，便會豁然開朗。硯雕師張偉的《洪福齊天》黃石硯，就是其『獨上高樓，望盡天涯路』之後的佳作。

衆所周知，河南方城黃石山是漢代張良祀奉其師黃石公的古迹，那裏盛產黃石，黃石硯始于漢，盛于唐宋。米芾《硯史》有云：『唐州方城葛仙公岩石，石理向日視之，如玉瑩，如鑒光，而着墨如澄泥，不滑，稍磨之……良久墨發生光，如漆如油，有艷，不滲也，歲久不乏，常如新成，有君子一德之操，色紫可愛，聲平有韵，亦有簷青白色。如月如星而無暈』。

硯雕師面對此『石質如玉，貯水不涸，其聲如磬，其色多變，發墨如油、如膏如脂』的黃石，對其自然生成脈絡有別，顏色各异，多彩紛呈，有紫石、青石、青紫石、墨石、鳳眼石等的自然物象，進行了由表及裏的反復揣摸，刀筆下有了一種『神悟』，故活脫脫地再現了一方《洪福齊天》的勝境。

春曲和暢　王軍英

古琴聲聲　萬壑松風

那張琴，置于琴臺上，被光陰疏離了多年。歲月沒有帶給它太多的風塵，靜處時，有種遺落的冷艷和端雅。琴通性靈，含氣質，有品德，知曉前世今生，故識得真正的主人。看來硯雕師與琴，應有過一段宿緣。我讀這方《古琴硯》，是在讀那高山流水、萬壑松風、波光雲影、鳥語蟲鳴。

收藏這方硯久矣，每每讀之，每每對古琴有了深刻的認知。真的，古琴，以其悠久的歷史，它應目睹了世間興衰榮辱、愛恨離愁。諸葛亮巧設空城計，琴音智退司馬懿雄兵十萬；陶淵明知曉琴中雅趣，將一張無弦琴，彈到無我之境，乃至草木為之低眉，萬物為之垂首。硯雕藝術家這方端石仿古硯，硯形為古琴狀，造型小巧精致，讀之古味盎然。

時而飄逸似清風，時而清越如玉泉，時而激烈若馬躍，時而明淨賽秋水。從此方硯中，我聽到了潺湲的聲聲古琴，恰似萬壑松風……

硯名　洪福齊天
石品　方城黃石山石
制硯　張　偉
規格　50cm×43cm×6cm

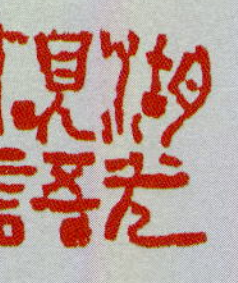

春雨聲聲　王軍英

我亦多情　閨怨無奈

似與一首純音樂邂逅，其實以前依稀在哪裏聽過。有人告知我，這曲子叫《亂紅》。于是，眼中仿佛看到了一場人間花事落幕之際的情景：在細雨微風的黃昏，有落花紛紛飛舞，舞得絢爛安靜，舞得涼薄難當。待曲子結束，日常風定，以為是一場美麗的意外，拂不去的，依舊是眉間落花。這嫣然的花事，令藝術家們常常與閨怨聯結在了一起：『落花已作風前舞，又送黃昏雨。』

硯雕藝術家張洪海之《閨怨》硯，莫不也是此般境界麼？這方整塊藕凍石皮中間有條條金絲自上而下瀑布般瀉下，硯雕師便隨手拈來代作少婦頭上的披紗和思緒的幻化，其藝術創造經過絕妙的構思，讓作品顯得生機勃鬱，具有了特殊的美感，活靈活現地成就了王昌齡『閨中少婦不知愁，春日凝妝上翠樓。忽見陌頭楊柳色，悔教夫婿覓封侯』的意境。

這方硯看似平常，但它却在硯雕師之刀筆下煥發了藝術魅力，令讀者仿佛有了一場旖旎之約。

硯名　古琴硯
石品　端　石
規格　15cm×11.5cm×1.8cm

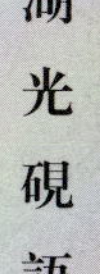

艷舞曲　王軍英

秋水長天　無雕勝雕

秋水長天的意境，總是那麼美妙，那麼引人遐思。我讀《秋水長天》硯，它似一首簡潔的情歌，看似平淡，却寄寓深刻，別具匠心，讓人讀之過目難忘，甚至不再相忘。硯雕師以王勃《滕王閣序》中『落霞與孤鶩齊飛，秋水共長天一色』之詩句為境，以落霞、孤鶩、秋水、長天為景，以簡淨、練達之雕技為法，意象式地向讀者勾勒出了一幅寧靜致遠的圖案。

這方硯在硯雕師的手中，似乎動刀筆的地方極少，雖稍微雕刻了兩祇野鴨的面部，然其神態呼之欲出。其硯中間硯堂部分則乃石品之自然花紋……從此方硯中，讀者自然窺見了硯雕師秋水長天之躍然硯上的融融景象。

硯雕藝術家曹加勇先生之《秋水長天》硯，實乃自然與雕刻的完美結合，它無疑呈現了硯雕師無雕勝有雕的至高境界。

硯名　閨怨
石品　苴卻石
雕刻　張洪海
規格　57cm×45cm×6cm
收藏　硯湖

清泉人家　楊昌林

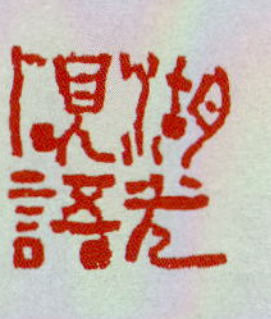

深美閎約　龍騰盛世

何謂『深美閎約』？在學者王國維先生的認知裏，是指一個藝術家的藝術作品裏面有着很深的蘊藏，而且外表的藝術表現形式美侖美奐。『閎』是指內容豐富，涉及的範圍很廣，『約』是指表達得很含蓄，婉約。我讀硯雕師王禮林之《龍騰盛世》硯，用『深美閎約』一詞贊譽，愚以為妥矣。

我們說，萬物通于靈性，奇石亦有風采。這方沉沉有數百斤之重的硯石堪稱巨硯。難能可貴的是該石生有二百餘顆石眼，是制硯的一方奇石。硯雕藝術家向有作一方『盛世龍騰』硯的夙願，得此石是他多少年來望眼欲穿的一次奇遇；故在大喜過望之際精心構思，刀筆大開大合，將硯堂刻為中國版圖。其中一顆石眼竟和首都位置暗相吻合，妙不待言；作者在衆多石眼間采用浮雕、透雕等藝術手法，雕琢騰雲駕霧、神態各异大小十八條雲龍，圍繞中國版圖游動于衆多石眼之間，銜雲吐霧，首尾顧盼，上百顆石眼則或巧作龍睛，或巧化龍珠，渾然一體；其餘石眼，或幻化為城池關隘，或化作汪洋島嶼，與神龍驚鴻相襯，可謂是龍騰盛世，氣勢磅礴！

此方硯由張竣山創意、設計，它讓我們讀出了心中的驚嘆：一方《龍騰盛世》硯，一闋盛世龍騰歌！

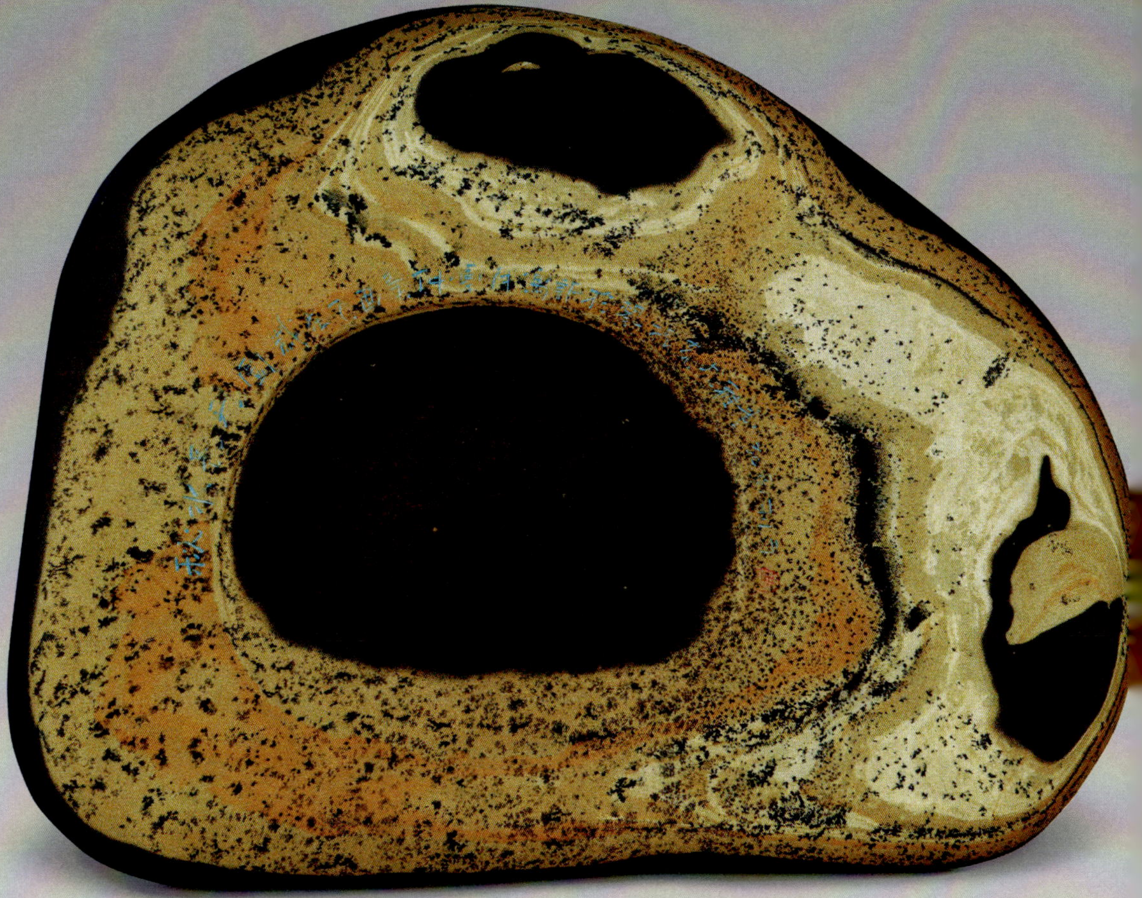

硯名　秋水長天硯
石品　苴卻石
雕刻　曹加勇
規格　29cm×22cm×3cm

圖書在版編目（CIP）數據

湖光硯語 / 肖文祥著 ; 馬安信主編. -- 成都 : 四川美術出版社, 2015.5

ISBN 978-7-5410-6289-6

Ⅰ. ①湖… Ⅱ. ①肖… ②馬… Ⅲ. ①硯－鑒賞－中國 Ⅳ. ①TS951.28

中國版本圖書館CIP數據核字(2015)第084363號

湖 光 硯 語

HUGUANGYANYU

肖文祥／著　马安信／主编

出 品 人　馬曉峰

责任编辑　陳時權

封面題字　謝季筠

书名篆刻　孫鼎樸

装帧设计　寒　是

校　　对　秦　男

技术设计　李　静

出版发行　四川美術出版社

四川省成都市三洞橋路12號　郵編　610071

成品尺寸　200mm × 305mm

印　　张　41.5

制　　版　成都鑫周文化傳播有限公司

印　　刷　四川省東和印務有限責任公司

版　　次　2015年5月第1版

印　　次　2015年5月第1次印刷

书　　号　ISBN 978-7-5410-6289-6

定　　价　580.00元

硯名　龍騰盛世

石品　苴卻石

創意　張竣山

設計　張竣山

雕刻　王禮林

規格　130cm × 82cm × 12cm

收藏　張竣山